农大 3214
农大 3291
京冬 8 号

轮选 987

石 4185

石 4185 麦田

石家庄8号

石家庄8号麦田

冀麦38

冀麦 38 麦田

豫麦 34

豫麦 35

豫麦 41
豫麦 49
豫麦 47

豫麦 70

济南 16

济南 17

济麦 19

烟农 19

淄麦 12

长 6878

晋麦 60

晋麦 63

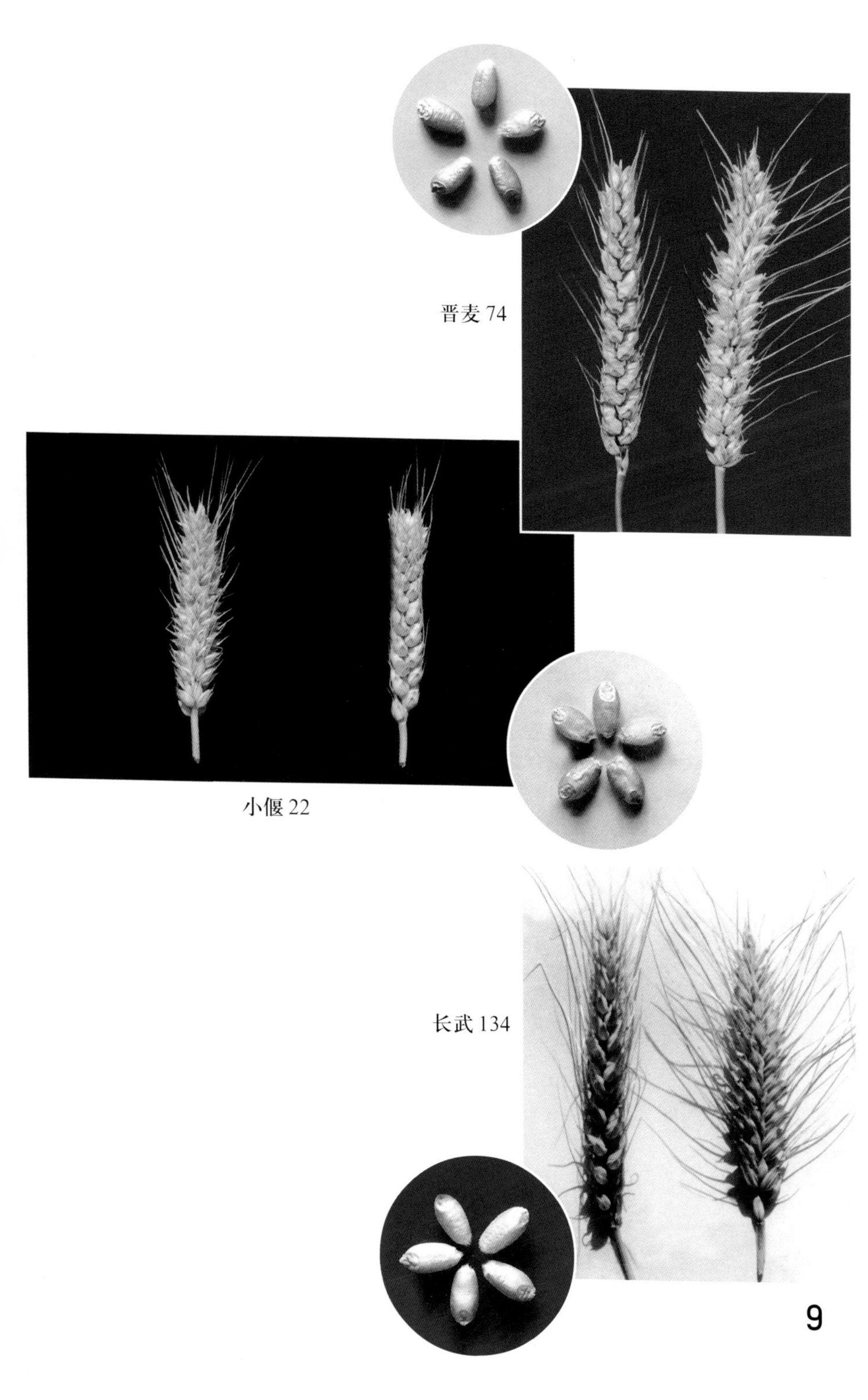
晋麦 74
小偃 22
长武 134

陕麦 150

陕农 78

陕农 757

川农 11

川农 17

川育 14

川育 17

川育 16

绵阳 28

绵阳 26

绵阳 29

绵阳 30

毕麦 15

绵阳 31

宁麦 8 号

宁麦 9 号

徐州 25

宿 9908

皖麦 38

皖麦 19

龙麦 26

鄂麦 20

龙辐麦 10 号

龙辐麦 12

垦红 14

辽春 13

粮棉油草良种引种丛书

小麦良种引种指导

XIAOMAI
LIANGZHONG YINZHONG ZHIDAO

陈 孝 马志强 主编

金盾出版社

内 容 提 要

本书由中国农业科学院研究员陈孝等主编。全书在介绍了小麦生产现状与发展、小麦良种引种的意义和作用、小麦良种标准及种子质量鉴定、小麦引种原则和方法之后，逐一介绍了104个小麦新优品种的来源、特征特性、产量表现、适种地区及栽培技术要点，涵盖了全国各主要麦区，并配有清晰的麦穗和籽粒彩色图片。本书通俗易懂，实用性强，可供农民、农技人员和种子站、种子公司人员学习使用，也可作为小麦育种工作者和农业院校师生的参考资料。

图书在版编目(CIP)数据

小麦良种引种指导/陈孝，马志强主编．—北京：金盾出版社，2004.3

(粮棉油草良种引种丛书)

ISBN 978-7-5082-2888-4

Ⅰ．小… Ⅱ．①陈…②马… Ⅲ．小麦-引种 Ⅳ．S512.102.2

中国版本图书馆CIP数据核字(2004)第007520号

金盾出版社出版、总发行

北京太平路5号(地铁万寿路站往南)

邮政编码：100036 电话：68214039 83219215

传真：68276683 网址：www.jdcbs.cn

彩色印刷：北京百花彩印有限公司

黑白印刷：北京金星剑印刷有限公司

装订：兴浩装订厂

各地新华书店经销

开本：850×1168 1/32 印张：6.25 彩页：16 字数：137千字

2010年8月第1版第5次印刷

印数：32001—38000册 定价：9.50元

序 言

种是农业“八字宪法”的核心，它既是生产资料，又是体现现代科学技术的载体。选用具有优良生产性能和加工品质的作物品种，是实现高产、高效农业的重要前提。

新中国成立以来，我国作物育种工作者培育了一批又一批的农作物优良品种，为农业生产的发展和科学种田水平的提高做出了卓越贡献，使得我国农业能以占全球百分之七的耕地养活占世界百分之二十二的人口，成为举世瞩目和公认的巨大成功。近些年来，随着新的先进、实用技术的运用，我国在粮食、棉花、油料和饲用作物方面，又陆续培育出许多新的优良品种，促进了良种的更新换代，也推动了农业现代化的进一步发展。

但是，我国地域辽阔，各地气候、土壤差异较大，生产水平、栽培条件各有不同，而各类作物的每一品种又都有其一定的地区适应性和对栽培条件的要求。在生产实践中，如何正确地选用、引进适合本地区条件的优良品种，并使良种良法配套，做到种得其所，地尽其利，物尽其用，仍然是一个普遍存在和十分现实的问题。

为此，金盾出版社邀请有关专家编写了“粮棉油草良种引种指导”丛书，分九个分册，分别介绍了水稻、小麦、玉米、小杂粮、棉花、大豆与花生、油菜与芝麻、饲料作物、牧草等最新育成的优良品种与引种注意事项。编撰者都是活跃在本专业生产与科研第一线的行家，他们深知优良品种都有其地区(包括肥水)适应性，不可能完美无缺，所以在编写中，本着科学、实用的原则，慎选精华，一分为二，既突出优点，又指明缺点，并针对引种经常或可能出现的问题提出指导性意见或应注意事项；同时有部分品种还附有植株、穗部和籽粒的彩色照片，做到图文并茂。我相信，此套丛书的出版，可为作物引种工作者、基层农业干部和技术推广人员，特别是广大从事种植业生产的农户，提供一部便于寻找、检索良种信息和通过比较后确定最适于生产试种品种的工具书，起到宣传、普及农业实用科学技术的作用。

中国农业科学院研究员
中 国 科 学 院 院 士

2003年7月1日

目 录

第三章 小麦引种的原则和方法

第四章 小麦新品种介绍

第一章　良种引种与小麦生产

一、小麦生产现状及发展

（一）小麦生产概况

小麦在我国是仅次于水稻的第二大粮食作物，常年种植面积在2666.67万公顷以上，约占粮食作物面积的27%；总产量为1亿吨以上，占粮食作物产量的22%；其中秋、冬播种的冬小麦面积约占小麦总面积的85%，其产量约占小麦总产量的89%。

中国、俄罗斯、美国和印度是生产小麦最主要的国家。从20世纪90年代以来，中国是世界上生产小麦的第一大国。按2000年小麦种植面积计算，中国为2775.38万公顷，印度为2704.90万公顷，俄罗斯为2309.25万公顷，美国为2203.75万公顷；若按总产量计，中国10675.8万吨，印度7055.3万吨，美国6236.4万吨，俄罗斯3450.0万吨。此外，加拿大、澳大利亚和法国也是生产小麦的主要国家。加拿大、澳大利亚小麦种植面积较大，单产较低，却是出口小麦的大国；法国自20世纪80年代以来小麦生产发展很快，其总产量已超过加拿大、澳大利亚两国而上升到第五位，单产跃居七国之首，1999～2000年平均单产为7164千克/公顷。同期中国小麦平均单产为3842千克/公顷，仅次于法国。

在我国小麦总产量的增长中，扩大面积和提高单产都起了重要作用，但在不同时期两者的贡献率不尽相同。据庄巧生（2003）报道，在20世纪50年代，它们的贡献率分别为42.2%和57.8%；60年代分别为26.7%和78.3%；70年代分别为17.9%和82.1%；

80年代分别为6.9%和91.1%；90年代面积为负增长，总产量的提高应该全是单产提高的结果。据1949～2000年间52年资料的统计分析，我国小麦总产量的增加与单产提高间的相关系数为0.99以上，而且是可信的；偏回归系数亦说明，小麦单产每公顷提高1千克，全国可增产小麦2.878万吨；换言之，如果每667米^2(1亩，下同)平均增加1千克，全国可增收小麦43万吨。

(二)良种在小麦生产发展中的贡献

小麦生产的发展和其他作物一样，取决于生产环境条件的改善、科学技术的进步和各类劳动者(主要是农民)的努力。在科技进步的贡献中，品种改良的作用是不容忽视的。1997年，国家科委中国科技促进发展研究中心和中国农业科学院农业宏观研究室报道并建立了良种贡献率的计算模型，以估算遗传改良对作物增产的贡献。结果表明，小麦品种的贡献率为30.9%。美国小麦育种家J.W.Schmidt在1984年于《遗传改良对五大作物增长的贡献》小册子中，报道了1958～1980年间美国小麦新品种(系)对增产的贡献率为17%，平均年贡献率为0.74%，生产条件(包括自然环境)较好的地区比此值高些，反之则低些。

1981～1985年，我国在制订3个“五年小麦育种攻关计划”时，要求新育成的品种比当时推广品种增产8%以上，粗略匡算，如果育成一个新品种所需的平均年数为10，按增产8%计算，其年增长率是0.8%。这个数值虽是从经验中得来，却与美国J.W.Schmidt提出的新品种贡献率0.74%颇近似。亦可以说，小麦品种改良对产量的年贡献率是1%上下。

(三)小麦品质改良和专用小麦品种

20世纪80年代以前，我国小麦育种目标偏重产量和抗病性等的改良，忽视了品质。随着我国人民生活水平的提高、市场经济的发展和国际交流的日趋频繁，小麦品质改良已引起农业、商业、科技主管部门和小麦育种工作者的重视，并相继开展了小麦品质遗传改良和检测工作，选育和筛选出一批品质优良、适宜制作不同食品的专用小麦品种。一些生产小麦的重点地区开始建立优质麦生产基地，实行规模化生产(如河北省藁城市、河南省新乡市、山东省阳信县和烟台市等)，逐步探索以“科研—生产—企业”为模式的优质麦产业化经营体系。

小麦品质包括营养品质、一次加工品质(即磨粉品质)和二次加工品质(即食品加工品质)。营养品质主要指粗蛋白质含量及其氨基酸组成的平衡程度。因赖氨酸是小麦第一限制性氨基酸，故用它的多少来衡量。近年来，国外还十分重视铁、锌等微量元素的含量，生物价以及抗营养因子如植酸等的遗传改良。磨粉品质常用的指标是容重、千粒重、硬质、出粉率、灰分含量和面粉颜色等。影响面粉和面团颜色的主要遗传因素包括面粉白度、黄色素含量和多酚氧化酶(PPO)的活性。食品加工品质则取决于粗蛋白质含量、面筋质量、淀粉特性或品质，因食品的不同而各有侧重。蛋白质或面筋的质量主要指面筋的强度及其延展性，对其评价需要测定面团的流变学特性，常用的测定仪器是和面仪、粉质仪、拉伸仪、吹泡示功仪。常用的和面仪参数是和面时间和耐揉性；粉质仪参数包括吸水率、面团形成时间、面团稳定时间、耐揉指数和软化度；拉伸仪的常用参数有延展性、最大抗延阻力、曲线面积和长/高之比；吹泡示功仪主要测定曲线面积，并换算成1克面团变形所需的能量(比功)，由此表示面团的强度。淀粉特性的指标包括降落值(反应α-淀粉酶活性)、直链和支链淀粉的比例、峰值黏度、稀懈值等。

食品品质是评价小麦加工品质的最终指标。西式面包和饼干、糕点的制作方法和评价标准早已规范化，并在国际上通用；而对我国人民喜食的馒头、面条的评价标准，自20世纪90年代以来也在逐步建立和完善。1993年，商业部公布的评价馒头的主要指

标(SB/T 10139-93)有:比容、外观形状、色泽、结构、弹韧性、黏性和气味等;评价面条的主要指标(SB/T 10139-93)包括色泽、表现状况、适口性、韧性、黏性、光滑性和食味。

根据小麦籽粒的用途分为三类:一类是强筋小麦——角质率大于70%,胚乳为硬质,面粉筋力较强,适用于制作面包,也适用于制作某些面条或用于配麦;一类是中筋小麦——胚乳为半硬质或软质,面粉筋力适中,适用于制作面条、饺子、馒头等食品;还有一类是弱筋小麦——角质率小于30%,胚乳为软质,面粉筋力较弱,适用于制作饼干、糕点等食品。

1999年,国家质量技术监督局颁布了强筋麦(GB/T 17892-1999)、弱筋麦(GB/T 17893-1999)质量标准(表1);2003年3月10日,郑州商品交易所颁布了期货交易用的优质强筋小麦标准(Q/ZSJ 001-2003,表2)。

表1 优质麦国家标准

<table>
<tr><th colspan="4" rowspan="2">项　目</th><th colspan="2">强筋麦(GB/T 17892-1999)</th><th rowspan="2">弱筋麦
(GB/T 17893-1999)</th></tr>
<tr><th>一　等</th><th>二　等</th></tr>
<tr><td rowspan="8">籽粒</td><td colspan="2">容重(克/升)</td><td>≥</td><td colspan="2">770</td><td>770</td></tr>
<tr><td colspan="2">水分(%)</td><td>≤</td><td colspan="2">12.5</td><td>12.5</td></tr>
<tr><td colspan="2">不完善粒(%)</td><td>≤</td><td colspan="2">6.0</td><td>6.0</td></tr>
<tr><td rowspan="2">杂质(%)</td><td>总量</td><td>≤</td><td colspan="2">1.0</td><td>1.0</td></tr>
<tr><td>矿物质</td><td>≤</td><td colspan="2">0.5</td><td>0.5</td></tr>
<tr><td colspan="3">色泽、气味</td><td colspan="2">正常</td><td>正常</td></tr>
<tr><td colspan="2">降落数值(S)</td><td>≥</td><td colspan="2">300</td><td>300</td></tr>
<tr><td colspan="3">粗蛋白质(%,干基)</td><td>≥15</td><td>≥14</td><td>≤11.5</td></tr>
<tr><td rowspan="3">小麦粉</td><td colspan="3">湿面筋(%,14%水分基)</td><td>≥35</td><td>≥32</td><td>≤22</td></tr>
<tr><td colspan="3">面团稳定时间(分钟)</td><td>≥10</td><td>≥7.0</td><td>≤2.5</td></tr>
<tr><td colspan="2">烘焙品质评价值</td><td>≥</td><td colspan="2">80</td><td></td></tr>
</table>

表2 期货交易用优质强筋小麦品质指标

（郑州商品交易所，Q/ZSJ 001－2003）

项目				一等	二等
籽粒	容重(克/升)		≥	770	
	水分(%)		≤	12.5	
	不完善粒(%)		≤	6.0	
	杂质(%)	总量	≤	1.0	
		矿物质	≤	0.5	
	降落数值(S)		≥	300	
	色泽、气味			正常	
小麦粉	湿面筋(%，14%水分基)		≥	30.0	
	拉伸面积(厘米^2/135分钟)		≥	90	
	面团稳定时间(分钟)			12.0	8.00

小麦品质既受遗传因素控制，也受小麦生长、收获和贮藏期间的环境影响。大量研究表明，同一品种在不同地点、不同年份种植后，其品质有明显的差异。其中，粗蛋白质含量的差异可达5个百分点以上。据报道，在国际冬小麦品种比较圃中，其中7个品种平均粗蛋白质含量在美国、匈牙利和英国分别为17.8%、15.8%和12.5%。在诸多环境因素中，影响小麦品质地点和年际间变异的主要气候因子是温度、光照和湿度。因此，根据小麦品质与种植地区生态因素的互作关系制订小麦种植区划，是我国小麦生产正在逐步建立和实施的方向。例如，北方可着重培育面包以及馒头、面条用小麦品种；而南方以培育适于糕点、饼干用的小麦品种为主。

北京地区为华北强筋小麦生产区，为了适应市场经济发展的要求，使小麦品种选育、生产和收购实现标准化、规范化，北京市质量技术监督局于2002年11月20日发布了小麦质量标准（DB11/T 169-2002，表3，表4）。实践证明，不同的栽培技术和水、肥管理措施也会影响小麦品质,如氮肥的施用量和施用时期,抽穗至成熟期间的灌溉次数和水量等。所以,除了培育优质品种外,必须研究相配套的优质栽培技术,才能实现优种优质。

表3　北京地区强筋、中筋和弱筋小麦品种品质标准

(DB11/T 169-2002)

项目		强筋		中筋		弱筋		检测要求
		一等	二等	一等	二等	一等	二等	
籽粒	容重(克/升) ≥	770		790	770	750		必测
	降落数值(S) ≥	300		300		300		必测
	粗蛋白质(%,干基)	≥15.0	≥14.0	≥13.0	≥12.0	≤10.0	≤11.0	必测
面粉	湿面筋(%,14%水分基)	≥38	≥35	≥30	≥28	≤22	≤24	选测
	沉淀值(Zeleny,毫升)	≥45	≥40	≥32		≤20	≤24	必测
面团	吸水量(毫升/100克)	≥62	≥60	≥58		≤52	≤54	选测
	形成时间(分钟)	≥4.0	≥3.0	—		≤1.5	≤2.0	选测
	稳定时间(分钟)	≥15.0	≥12.0	≥6.0	≥4.0	≤1.5	≤2.0	必测
	最大抗拉伸阻力(E.U.)	≥500		≥400	≥350	≤150	≤200	选测
	延伸性(厘米)	≥18		≥18		15~20		选测
	P	≥100	≥80	≥75	≥60	≤35	≤39	选测
	L	≥110		≥100		≥100		选测
食品	面包评分 ≥	85	80	—		—		必测
	面条、馒头评分 ≥	—		85	80	—		必测
	糕点、饼干评分 ≥	—		—		85	80	必测

表4 北京地区强筋、中筋和弱筋商品小麦品质标准

项目		强筋		中筋		弱筋		检测要求
		一等	二等	一等	二等	一等	二等	
籽粒	容重(克/升) ≥	770		790	770	750		必测
	降落数值(S) ≥	300		300		300		必测
	粗蛋白质(%,干基)	≥15.0	≥14.0	≥13.0	≥12.0	≤10.0	≤11.0	必测
面粉	湿面筋(%,14%水分基)	≥35	≥32	≥30	≥28	≤22	≤24	选测
	沉淀值(Zeleny,毫升)	≥45	≥40	≥32		≤22	≤24	必测
面团	吸水量(毫升/100克)	≥61	≥59	≥57	≥55	≤52	≤54	选测
	形成时间(分钟)	≥4.0	≥3.0	—		≤2.0		选测
	稳定时间(分钟)	≥12.0	≥8.0	≥4.5	≥3.5	≤2.0		必测
	最大抗拉伸阻力(E.U.)	≥500	≥450	≥350	≥300	≤150	≤200	选测
	延伸性(厘米)	≥18		≥18		15~20		选测
	P	≥90	≥70	≥65	≥50	≤37	≤40	选测
	L	≥100	≥90	≥90		≥90		选测
食品	面包评分 ≥	85	80	—		—		必测
	面条、馒头评分 ≥	—		85	80	—		必测
	糕点、饼干评分 ≥	—		—		85	80	必测

(四)小麦品种的产量、品质和抗性三要素的协调发展

我国人口众多,人均粮食产量落后,今后很长时期内,增加单产仍然是我国农业生产的一个重要任务。我国有众多的山地、坡地、旱塬、河湖滩地亟待退耕还林、还草、还牧、还水;城乡建设还在发展,所占耕地大多为良田;人口数量还在上升,即使将来稳定下来,其基数仍比现在为大;未来的小麦种植还要逐步集中到地势平坦、生产条件较好的宜种地区和地块进行集约化栽培,如果不继续

提高品种的单产水平，就难以满足人口增长和发展畜牧业生产的需要。目前，我国小麦单产是3 842千克/公顷，与法国的7 164千克/公顷单产水平有很大的差距。虽然我国现在推广品种中不乏有单产7 500千克/公顷的潜力，但要使大面积生产中达到这样的单产水平，则必须选育具有更高单产潜力的品种。如10 500～12 000千克/公顷的超级麦品种应有什么样的株型长相、茎秆质量、产量结构、光合生产率以及抗御病虫害的性能等，必须着手进行大量的科学探索、精心设计施工，通过反复实践、认识、再实践、再认识的过程才能逐步实现。

从全国各地小麦品质的测试结果来看，我国现在生产上种植的小麦品种基本上符合加工馒头和面条的要求，所不足的是烘烤优质面包用的强筋麦和焙制优质饼干、糕点用的弱筋麦的生产供应短缺。有了强筋麦品种，通过配麦、配粉完全可以解决加工优质面条的问题。今后将进行不同类型优质麦的区域化种植，以降低生产成本，提高劳动效率。再者，从长远考虑，将来的小麦品质改良，不仅局限在食品加工上，还要注意营养成分的改善以及满足发展保健食品和工业原料的需求。

随着生产条件的不断改善，对于抗御非生物逆境的要求将逐步降低标准，但是从全球气候变暖的大趋势看，干旱胁迫将会日趋严重。我国的水资源本来就很贫乏，小麦主产区的冬、春干旱严重影响着小麦的正常生长发育，再之，产量水平提高后，使小麦的需水量更加增大，故需注意选育高效利用水分的高产品种。随着产量水平的提高，病虫危害也更为频繁，选育具有水平或持久抗性的高产、优质品种应是长期的选种目标。

二、小麦良种引种的意义和作用

良种是农业科技和各种农业生产资料发挥作用的重要载体，

是农业发展水平的重要标志。把国外或外地区的优良品种引入当地，通过鉴定、试种，作为推广品种或育种材料，称之为引种。它是育种工作的组成部分，具有简单、易行、迅速见效的特点，所以经常为育种工作者和种子经营、种植者所采用。通过引种，不仅能够迅速应用外地优良品种于生产，代替当地原有品种，提高产量和品质，而且可以引入某些在当地没有栽培过的新类型，以丰富当地的种质资源或用做育种亲本，为推动品种改良，促进生产发展发挥作用。

（一）国外引种

在我国小麦育种史上，从国外引种开始于20世纪20年代。如最早引进的碧玉麦（美国）、矮立多（意大利）；30年代从意大利引进的南大2419和中农28；40年代从美国引进的胜利麦、早洋麦、钱交麦；1956年从阿尔巴尼亚引进的意大利品种阿夫、阿勃；1959年从智利引进的欧柔；60年代引进的意大利品种st1472/506（郑引1号）；1971年引进的以罗马尼亚品种洛夫林10号、苏联品种山前麦、德国品种牛朱特等为代表的一批携有1B/1R易位系的抗病品种；1972年前后从墨西哥引进的Cimmyt选育成的卡捷姆、叶考拉、墨巴66、凤0230等，都在其相适应的麦区或作为当家品种在生产上大面积推广种植，或作为抗病、丰产、矮秆的亲本而被成功利用，选育出一系列用于大面积生产的抗病、丰产品种。

据统计，到2000年，我国年最大种植面积大于或等于66.7万公顷（1 000万亩）的国外引进品种有：碧玉麦、南大2419、甘肃96、阿夫、阿勃、st1473/506（郑引1号）。南大2419是意大利品种Mentana的系选种，1942～1982年在我国南方冬麦区和河南省、陕西省南部及甘肃、青海、西藏等省、自治区推广种植41年，1958年年种植最大面积466.7万公顷，以它为骨干亲本选育的衍生品种有152个之多。阿夫1957～1982年在河南、江苏、安徽、湖北、四川、云南等省大面积种植 26 年,1977 年年种植最大面积 118.1 万公顷,以它为骨干亲本选育的衍生品种有 188 个。阿勃 1961 ~ 1998 年在四川、贵州、湖北、云南、河南、陕西关中、陕南、青海、宁夏等地大面积种植 38 年,60 年代后期年种植最大面积为 206.7 万公顷,以它为骨干亲本选育的衍生品种有 211 个。应该提出的是,国外引进种丹麦 1 号、尤皮 1 号、尤皮 2 号、奥克曼(保加利亚)、保德、VPM 系列(法国)、伊利亚、维尔(意大利)、水原 11(韩国)、印度 798 及以 1B/1R 易位系为代表的洛类品种等,曾分别在不同地区、不同年代作为重要的抗条锈病亲本育成了一系列用于大面积的抗锈品种,为我国的抗条锈病育种起了重大作用。

(二) 国内异地引种

在同一生态麦区内,互相引种小麦品种,不乏成功的例子,如:碧蚂 1 号是西北农学院选育而成,弱冬性,自 1949 年开始,从陕西引种到甘肃、河南、河北、山东、山西、安徽、江苏等省长城以南、淮河以北的广大地区种植,比当地品种增产 20% ~ 50%,1959 年年种植最大面积 600 万公顷。丰产 3 号也是西北农学院选育而成,弱冬性。1968 ~ 1985 年在陕西关中、河南、晋南、冀南、鲁南、苏北、皖北等地大面积种植 18 年,其中有 7 年年种植面积大于或等于 66.7 万公顷,1977 年年种植最大面积 186 万公顷。泰山 1 号是山东省农科院选育而成,半冬性,适应性广。1973 ~ 1985 年在山东、河南、河北、晋南、苏北、皖北等地推广种植 13 年,其中有 8 年种植面积大于或等于 66.7 万公顷,1979 年年种植最大面积 374.2 万公顷。百农 3217 是河南省百泉农校选育而成,弱冬性。1979 ~ 1993 年在河南北部、中部和皖北、山东南部、陕西关中等地大面积种植 15 年,其中有 8 年种植面积大于或等于 66.7 万公顷,1984 年年种植最大面积 200 万公顷。绵阳 15 是四川省绵阳市农业科学研究所选育而成,春性。1983 ~ 1998 年在四川、湖北、陕南、陇南、贵州、云南、豫南、安徽等地大面积推广种植16年,其中有2年年种植面积大于66.7万公顷,1988年年种植最大面积84.9万公顷。豫麦18由河南省偃师县科委二里头科研站选育而成,弱春性。自1990年开始在河南、安徽、湖北、江苏等省推广,到2002年还有132.7万公顷,1998年年种植最大面积为219.3万公顷。扬麦5号是江苏省里下河地区农业科学研究所选育而成,春性。自1985年开始,在江苏、安徽淮南、上海、浙江、湖北、湖南等地推广种植已有16年历史,到2000年还有4.8万公顷,其中有7年年种植面积大于或等于66.7万公顷,1992年年种植最大面积140.7万公顷。扬麦158也是江苏省里下河地区农业科学研究所选育而成,春性。自1992年开始在江苏、安徽淮南、上海、浙江、湖北、湖南、江西、河南南部等地推广,到2002年还有60.5万公顷,其中有5年年种植面积大于或等于66.7万公顷,1997年年种植最大面积148万公顷。

在生产实践中,也有个别跨麦区引种成功的例子,这些品种大多为春性,对光照和温度的反应不敏感,适应性广。如由北向南引种获得成功的品种甘麦8号,由甘肃省农业科学院作物研究所选育而成,春性。1970~1989年在甘肃、青海、宁夏、四川、云南等地大面积推广种植20年,1975年年种植最大面积为66.7万公顷。由中原向南、向北引种成功的品种内乡5号,是由河南省内乡县农民育种家龚文生选育而成,偏春性。1960~1983年在河南中南部、苏北、皖北、贵州、甘肃、云南、新疆、黑龙江等地大面积推广种植,1961年年种植最大面积266.7万公顷。由南向北引种成功的品种晋麦2148,是福建省晋江地区农业科学研究所通过南育北繁(4个生长季在黑龙江省加代繁殖)选育而成,春性。70年代末至80年代前期在华南麦区大面积推广种植,约占全区小麦面积的一半,年最大种植面积30万公顷。该品种还在青海、宁夏、内蒙古等省、自治区大面积落户种植。宁春4号是宁夏回族自治区永宁县小麦育种繁殖所选育而成,春性。80 年代初自宁夏向西至甘肃、新疆维吾尔自治区,向东到内蒙古自治区,至 2002 年共推广种植 412.1 万公顷,其中有 11 年年种植面积达到 20 万公顷以上,1989 年年种植最大面积为 34.2 万公顷。

直接用于大田生产的引进良种,在本地的栽培条件下往往会出现许多有利的变异成为系统育种的可贵原始材料。如博爱 7023 就是一个很好的例子。该品种由河南省博爱农场从阿夫品种中系选而得,偏春性,凡是阿夫适应的地区均可种植,1970 ~ 1991 年在河南、安徽、湖北、湖南等省大面积种植 22 年,其中 9 年年种植面积大于或等于 66.7 万公顷,1980 年年种植最大面积 153.3 万公顷。

第二章　小麦良种标准及种子质量鉴定

一、良种的地域性与时段性

小麦良种即是在当地的生态条件(温度、日照、降水)和栽培管理水平下,能充分发挥其优良特性(高产、优质、高效)潜力的品种,农谚有"一粒好种,千粒好粮"之说。任何一个小麦良种都有它的地域性和时段性,它在一定的地区和时期之内在生产上发挥作用,表现为对其种植地区生态环境的高度适应性,对特定不利条件的抗、耐性,以及保持产量的相对稳定性。因此,良种的标准也就因地而异,因时而变。我国小麦品种自 1949 年以来,随着生产的发展、病害流行小种的变化和育种工作的不断推陈出新,全国范围内已经历了 6~7 次大规模的品种更换,先后交替代之而起的是一批一批植株较矮、茎秆较强、较耐肥水、籽粒更大、抗病性相对更强、增产潜力不断提高的品种。当然,就某一品种而言,都有其特定的形态特征、生长发育特性、抗逆境的能力和相适宜的栽培技术。

二、良种的作用

(一)扩大小麦栽培时期和面积

1. 冬麦北移　1996年,在国家科技部、农业部、财政部、外国专家局和一些省的相关部门支持下,中国农业科学院、中国农业大学和黑龙江、吉林、辽宁、内蒙古、宁夏、甘肃、山西、河北等省、自治区的部分科研、教学单位成立了"冬麦北移协作组",开展了引种、品种改良、栽培、区划、生产试种和抗寒种质创新等研究工作。

我国长城沿线(北纬 41°~42°之间),包括辽南、冀北、甘肃及内蒙古部分地区,约有 67 万公顷土地,历史上以种植春小麦为主。此地区地广人稀,春小麦单位面积产量很低,若能改种冬小麦,冬前麦苗扎根好,又能充分利用开春时节的光、温、水条件,小麦单位面积产量可增加 25%~30%。加之冬小麦成熟早,有利于耕作改制,增加复种指数。黑龙江省和吉林省的东部低洼地约有 27 万公顷,历年积雪较厚,春小麦常因冬雪融化形成的春涝而难以适时播种,而收获季节又正值雨季,丰产难以丰收;辽宁省辽河等六大水系形成的 20 万公顷河滩低洼地,在多雨年份,也因洪水的到来而失产。东北三省的这些低洼滩地改种冬小麦后,可显著提高小麦单位面积产量和品质,实现优质、高产、稳产。经过多年的试验、试种,上述地区种植冬小麦的安全北界已推移到北纬 43°。在冬季有稳定积雪层(>10 厘米)的东北三江平原低洼地和两岭山区,种植强抗寒品种小麦也可安全越冬。据统计,辽宁、河北(北部)、宁夏、甘肃等省、自治区冬麦北移面积已有 19 万公顷。据辽宁省统计,1997~2001 年,冬小麦平均单产 3 237~4 185 千克/公顷。由苏联引进的品种米 808 已通过辽宁省农作物品种审定委员会审定,自加拿大引进的 Norstar 也已得到黑龙江省农作物品种审定委员会认定。宁夏回族自治区从国内外引进的品种中,筛选出 12 个冬麦品种(系),在品比试验中,均比春播品种宁春 4 号增产,增幅7%~36%。冬小麦品种 9186 在国营渠口农场大面积种植,平均最高单产 9 832.5 千克/公顷,而且面粉加工品质也显著优于宁春 4 号。

2. 夏播小麦 20 世纪 70 年代以来,冀西北高寒丘陵山区的旱地地区,为了充分利用夏、秋雨水,增加细粮面积,开展了夏播小麦的产业化研究。目前,该地区已建成夏播小麦的稳定产地,年播种面积 0.67 万公顷,平均单产 3 750 千克/公顷左右。主要分布在张家口市坝下海拔 400~1 000 米和承德市坝上海拔 1 200~1 300

米、坝下海拔 500~600 米的旱地上。播种期以 5 月中下旬至 6 月中旬为宜,可用的品种为春性、对光照和温度不敏感的类型,如涿城 1 号、中 7606、冀张春 4 号和小山 2134 等。为加速繁育世代,缩短育种年限,经过查询气象资料和试验,小麦育种工作者在黑龙江省西北部、江西省庐山和云南省昆明市、元谋县、海南省三亚市、四川省阿坝藏族自治州等地找到了适宜夏、秋播种的良繁、加代基地。

(二)增加产量

据统计,我国小麦单产水平已从 1949 年的 645 千克/公顷提高到 2000 年的 3 738 千克/公顷,平均年增长率 9.19%。但是,从 1997 年开始,单产水平就徘徊在 3 685~4 101 千克/公顷之间,与国际最高单产水平 7 164 千克/公顷相差近 1 倍。如前所述,在我国小麦增产中,品种的贡献率高达 30.9%。也就是说,在我国小麦单产提高的历史进程中,良种的作用举足轻重。如今,我国育种家们已选育出大面积单产超 7 500 千克/公顷的品种:如徐州 25,1999 年在江苏省徐州市种植 3.3 万公顷,单产 7 539 千克/公顷;又如 890-11-14,2001 年在河北省藁城市种植 2.3 万公顷,单产 7 560 千克/公顷;再如豫麦 47,2001 年在河南省焦作市种植 666.7 公顷,单产 7 525.5 千克/公顷。在不同小麦生态区,相继出现了小面积单产超 8 000 千克/公顷的品种(表 5)。

表 5 小面积单产≥8000 千克/公顷的小麦品种名录*

品种名称	种植年份	种植地点	面积(公顷)	单产(千克/公顷)
豫麦 34	2000	河南省太康县	0.27	10530
豫麦 66	2000	山东省清河镇	1.3	9130.5
济麦 19	2001	山东省菏泽市	1	9756

续表 5

品种名称	种植年份	种植地点	面积(公顷)	单产(千克/公顷)
豫麦 66	1999	河南省兰考县	0.7	9486
冀麦 38	1997	河北省行唐县	0.25	9470.1
徐州 25	1997	河南省武陟县	0.68	9189
石家庄 8 号	2000	河北省辛集市	1.4	9177
豫麦 66	2000	河南省开封市	1.3	9769.5
济麦 20	2001	山东省菏泽市	1	9075
邯 4586	2002	河北省磁县	0.4	9073.5
扬麦 9 号	1997	江苏省宝应县	7.5	9000
豫麦 35	1996	河南省南阳市	0.64	8970
农大 3291	1998	北京市顺义区	3.2	8475
皖麦 38	1999	安徽省涡阳县	4	8430
邯 6172	2000	河北省邯郸县	80	8296.5

* 根据本书收集到的资料汇总而得

(三)增强对病虫害和不良环境的抵抗能力

1. 抗不同病虫害的小麦新品种　1995 年后通过国家和省级农作物品种审定委员会审定的品种对当地的小麦主要病虫害都有很好的抗性或耐性。如北京市的中麦 9 号、CA 9722、农大 3214,河北省的石 4185、石家庄 8 号、邯 4564、邯 4589、邯 6172、高优 503,河南省的中育 6 号、豫麦 35,山西省的晋麦 74,陕西省的陕麦 150、陕农 78,四川省的川麦 30、川麦 32、川麦 36、川农 17、绵阳 31,贵州省的毕麦 15,安徽省的皖麦 19,湖北省的鄂麦 15,内蒙古自治区的巴优 1 号、巴麦 10 号,青海省的乐麦 5 号等品种,对当地流行的条锈菌生理小种均表现高抗。还有一些品种对不同的条锈菌生理小种表现免疫反应,不仅可做生产用种,还可用做抗条锈病育种亲本:如对条锈菌 29、30 号生理小种表现免疫的宁春 33、陇春 20,对条中30、31号生理小种表现免疫的高原205,对条中25、28、29、30、31、32号生理小种表现免疫的陇鉴127。

小麦赤霉病在我国其危害仅次于条锈病,以长江中下游和东北东部春麦区尤为严重,近年来已蔓延到黄淮麦区的南部地区,时有发生。据估计,全国可能发生赤霉病的麦田面积约占全国小麦面积的1/4。赤霉病不仅会造成严重减产,而且会严重恶化籽粒品质和种用价值,带菌麦粒含毒素,人、畜食用危害健康。江苏省的宁麦8号、宁麦9号、扬麦9号、扬麦10号、扬麦11、扬麦12,安徽省的皖麦38、皖麦49,黑龙江省的垦红14,宁夏回族自治区的宁J 210,河北省的高优503,山东省的山农优麦2号、山农优麦3号,陕西省的陕农757,四川省的川麦107、绵阳26,贵州省的毕麦15等品种对赤霉病菌的抗性反应为抗至中抗。龙麦26和烟农19高抗赤霉病。

自20世纪80年代以来,由于水肥条件不断提高,种植密度加大,特别是生产上推广的品种绝大多数不抗小麦白粉病,致使此病不仅在西南麦区气候条件较温和、湿润多雨的局部地区流行,在长江中下游麦区、黄淮冬麦区、北部冬麦区、东北春麦区等地也广泛流行,危害日趋严重。据全国植保总站统计,全国有45%的小麦种植面积流行白粉病,减产14.38亿千克。虽然在小麦分蘖期、抽穗期喷施粉锈宁可以达到很好的防治效果,但是对“绿色农业”来讲,选育推广抗病品种才是最佳方案。北京市的农大3219,河北省的8901-11-14、石家庄8号,江苏省的扬麦12、淮麦18,湖北省的鄂麦15,四川省的川农17、绵阳31等品种对当地流行的白粉病菌均表现高抗。

近年来,小麦纹枯病在江苏、安徽、湖北、河南、山东等省也蔓延很快,选育和推广种植抗病品种是最经济有效的防治手段。江苏省的宁麦8号、宁麦9号、淮麦18、淮麦20,湖北省的鄂麦15,河南省的郑麦98、豫麦34、豫麦47、豫麦66、豫麦70,河北省的邯

4564、邯5316、邯6172和科农9204等品种对纹枯病都表现抗至中抗的抗性水平，其中邯5316表现为高抗。

新品种中，还有高抗土传花叶病的豫麦35、豫麦70，高抗梭条花叶病的淮麦20，抗白秆病和雪腐叶枯病的乐麦5号，抗麦秆蝇的高原205，抗小麦吸浆虫的中麦9号，抗蚜虫的陕农757。

2. 抗、耐不良环境条件的小麦新品种 对小麦产量造成损失和影响产量稳定性的因素中，除病、虫、杂草等生物因素外，还有不利的气候和土壤方面的环境因素，这称之为环境胁迫或逆境危害。小麦的逆境危害主要包括：水分欠缺或过度所造成的旱害、湿害、穗发芽；温度过高或过低所造成的冻害或高温、干热风危害；土壤的盐碱或铝害等。

干旱是影响我国小麦生产发展的重要限制因素，因此，选育高产、抗旱或节水栽培的小麦新品种，是小麦育种的长期目标。对小麦抗旱性能的要求，也因生态区的差异和小麦生长发育阶段的不同而有区别。如东北春麦区常要求小麦苗期抗旱，后期耐湿；北部和黄淮冬麦区常见于小麦生育中、后期缺水（土壤或大气干旱）。在人工控制的条件下进行鉴定，一般是全生育期的，常用的指标是抗旱系数、抗旱指数、节水指数等（表6）。根据抗旱系数的高低，把抗旱性分为1级、2级、3级等不同的级别。大面积的自然干旱条件下的田间鉴定也是很可信的。如黑龙江省和内蒙古自治区2001年遭到百年不遇的干旱，在同等条件下，龙辐麦12较野猫等同熟期品种增产50%～100%，表现了很强的抗旱性。小麦成熟期的干热风危害，往往造成植株青枯早衰，籽粒瘪瘦，产量下降。这在黄淮冬麦区、北部冬麦区、北部春麦区和西北春麦区尤为突出，因此，抗干热风是当地小麦良种的必备特性。反之，在南方麦区和东北春麦区，小麦成熟期适逢雨季来临，多雨造成田间积水，小麦因渍害而早衰、死熟或穗上发芽，影响产量和籽粒品质，当地的小麦良种应有良好的耐湿性和抗穗发芽能力。如江苏省的宁麦

9号、扬麦11、扬麦13、淮麦20,黑龙江省的龙辐麦10号、克丰10号、垦九9号等品种都具有很好的耐湿性。近年来,由于气候条件的变迁,西北春麦区的部分地区也对抗穗发芽特性提出要求。一般讲,红粒品种比白粒品种抗穗发芽能力要强,选育抗穗发芽的白粒品种是育种者渴求的目标。如龙辐麦12、川育14等红粒品种和石4185、鲁麦21、豫麦66、陕农757等白粒品种,在当地都表现出较好的抗穗发芽特性。

表6 部分抗旱、节水栽培品种的抗旱指标

品名	抗旱系数	抗旱级别	抗旱指数	节水指数	鉴定单位或资料来源
中旱110		1级			甘肃省定西旱作农业推广中心
川育14		1级			中国农科院品资所
烟农18	0.95				中国农科院品资所
石4185			1.12	1.15	河北省农科院旱作所
冀麦38			1.12	1.24	河北省农科院旱作所
冀6203			1.02~1.28		河北省农科院旱作所
豫麦67			1.149		
长治6878			1.0627~1.2292		国家区试

我国的盐碱土主要分布在华北、西北、东北西部地区,许多地块因灌溉不当,产生次生盐碱化土壤,耐盐碱小麦的选育是这些地区的重要育种目标。据鉴定,中旱110、核丰1号、山农优麦3号等品种都具有较好的耐盐碱性。特别是中旱110,不但耐盐碱,抗干旱,而且抗寒力强,在甘肃省定西地区鉴定,越冬率100%。该品种1998~2000年参加甘肃省定西地区地区级旱地区试,3年平均折合单产2 817千克/公顷,比当地对照品种增产7.1%;2000~2002年参加山西省省级旱地区试,3年平均折合单产3 678千克/

公顷,比当地对照品种增产12%。2000年,在甘肃省定西、通渭、陇山等地的山坡丘陵旱地试种2公顷,单产5 370千克/公顷。2001年,在天津市宝坻区大屯镇石辛庄村盐碱地种植33.33公顷,单产3750千克/公顷。

(四)扩大消费,提高商品率

随着优质、专用小麦品种的育成,优质麦生产基地的规模化生产及科研—生产—加工企业产业化经营模式的建立,我国小麦的商品率大大提高,小麦不再主要局限做家庭餐桌上的面条、馒头,而是推向市场做方便面、面包、糕点、饼干及制啤酒等高附加值的食品,以此大大提高小麦生产者、经营者的经济收入,增加经济效益和社会效益。近年来,育成和推广种植的优质专用小麦品种有20多个,如强筋麦品种中优9507、济南17、龙麦26、郑州9023、垦红14、小冰麦33、皖麦38等,弱筋麦品种绵阳30、扬麦9号、皖麦48等,适宜生产小麦啤酒的品种徐州25(表7)。

表 7　部分优质麦品种的品质性状

品种名称	粗蛋白质（%）	湿面筋（%）	沉淀值（毫升）	面团稳定时间(分钟)	面包体积(厘米^3)	面包评分	面条评分	馒头评分	高分子量麦谷蛋白亚基组成	备　注
中优 9507	16.5	38.8	45~53	14.5~19.3	865~980				1,7+9,5+10	
京 9428	13.6~16.5	32~42	52~76	7~16.7	795~840	84.5~91.4				面粉白度高
8901-11-14	15.7	36.1	51.3	29.2	773	833				
高优 503	15.4~16.5	34~38.8	46.4~53.2	11.6~14						
藁优 9409	15.44	35.9	44	13~18.8	845~855	84~87				
郑州 9023	14.4~15.4	32.1~35.6	51.2~54.4	22.5~29						
豫麦 34	15.41	32.1	55.5	10.03		82.8				
豫麦 47	13.96~15.68	35.9~42.8	39.0	9.8~13	800	87.1				
豫麦 66	16	33.5~41.2	33.8~42.5	7~11	700~875	75~88.4			N,7+9,5+10	
山农优麦 2 号	15.11	38.8	50.2	6.4			90.5			
山农优麦 3 号	15.46	30~34.9	32.1	3				85~93.6		面粉自然白度 79.9~84
济南 17	14	33.5~39.7	39.8~65.3	6~28	750~950				1,7+8,4+12	

续表 7

品种名称	粗蛋白质（%）	湿面筋（%）	沉淀值（毫升）	面团稳定时间(分钟)	面包体积（厘米^3）	面包评分	面条评分	馒头评分	高分子量麦谷蛋白亚基组成	备　注
济麦 19	14.6	32.2		9.7			86.3～93.5		1,7+8,4+18	面粉白度高
济麦 20	14.2～17	34.5～37.2		7.2～24	800～930		90		1,13+16,4+12	
龙麦 26	17	43.2	59.3	>25	850					
垦红 14	17.9～20.19	40.73～46	40.2～46.3	12～12.5	875	90～93				
小冰麦 33	17.14～19.1		59～69.8							
皖麦 33	14～16			12～24	825	88				
皖麦 38	14	36～39		10～21	930	93.6				
徐州 25	9.6	20.7		2.1						可制作小麦啤酒
扬麦 9 号	10.9	21.8	17.1	1.4						
绵阳 30	11.59～11.79	20.1～21.4	13.1～15	1.4～1.5						

三、品种审定和新品种保护

实践证明,品种试验审定制度是政府降低品种使用风险、保护育种者、经营者和使用者利益、保障农业生产安全的有效措施之一,对净化种子市场及品种合理布局至关重要。《中华人民共和国种子法》规定,对主要农作物实行品种审定制度,凡属应当审定而未经审定的农作物品种,不得发布公告,不得经营推广。小麦为主要农作物,从而确定了小麦品种试验审定制度的法律地位。2001年2月26日,农业部发布了《主要农作物品种审定办法》,对品种审定委员会的设立、品种审定的申请和受理、品种试验、审定与公告以及监督管理作了较严格的规定。品种审定分为两级:农业部设立国家农作物品种审定委员会,负责国家级农作物品种审定;省级农业行政主管部门设立省级农作物品种审定委员会,负责省级农作物品种审定。在具有生态多样性的地区,省级农作物品种审定委员会可以在其所辖市、自治州设立农作物品种审定小组,承担适宜于在特定生态区域内推广应用的主要农作物品种的初审工作。经连续2年(含)以上国家农作物品种区域试验和1年以上生产试验(区域试验和生产试验可交叉进行)并达到审定标准的品种,可申报国家农作物品种审定委员会审定。

品种审定通过的依据是品种在区域试验和生产试验(国家级或省级)中的表现和结果。即把新育成或新引进的品种,在自然条件、耕作栽培管理水平大体相同的区域内,以生产上的主要推广品种为对照进行多年、多点试验,对其丰产性、适应性、抗逆性(对病虫害及环境胁迫因素的抗耐性)和其他经济性状进行鉴定,从中筛选出综合农艺性状优于对照并符合生产要求的品种。国家级小麦品种区域试验和生产试验,由农业部全国农业技术推广服务中心具体组织与管理,在全国设置了长江上游冬麦组、长江中下游冬麦组、黄淮冬麦区南片冬水组、黄淮冬麦区南片春水组、黄淮冬麦区北片水地组、黄淮冬麦区旱地组、北部冬麦区水地组、北部冬麦区旱地组、东北春麦区早熟旱地组、东北春麦区晚熟组、西北春麦区水地组和西北春麦区旱地组等12个组别。品种审定是由农业行政部门设立的由同行业或相关行业专家组成的农作物品种审定委员会(国家级、省级)按照生产要求,根据品种在试验中的表现,结合抗性鉴定和品质分析结果,对品种进行综合评价,然后做出品种能否推广的决定。至2003年,已通过全国农作物品种审定委员会审定的小麦品种有161个(表8)。

表8 2001~2003年通过全国农作物品种审定委员会审定的小麦品种名录

品种名称	原 名	审定编号	选育单位
渝麦7号	94-7	国审麦2001001	重庆市作物研究所
绵农6号	9303-3	国审麦2001002	西南科技大学
扬麦12	扬95-76	国审麦2001003	江苏省里下河地区农业科学研究所
淮麦16	淮核9412	国审麦2001004	江苏省徐淮地区淮阴农科所
淮麦18	淮阴9628	国审麦2001005	江苏省徐淮地区淮阴农科所
豫麦58	温麦8号	国审麦2001006	河南省温县种子公司
阎麦8911		国审麦2001007	陕西省西安市阎良区武屯农技站、陕西省西安市阎良区种子公司
高优503	小偃503	国审麦2001008	中国科学院石家庄农业现代化研究所
中育6号	95中44	国审麦2001009	中国农业科学院棉花研究所
邯4589		国审麦2001010	河北省邯郸市农业科学院
龙麦26	龙94-4083	国审麦2001011	黑龙江省农业科学院作物育种所

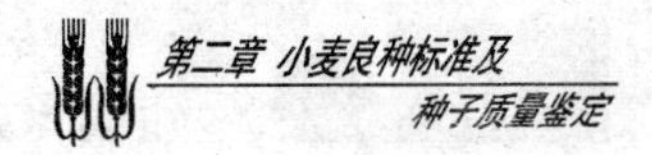

续表 8

品种名称	原　名	审定编号	选 育 单 位
龙辐麦 10 号	龙辐 91B569	国审麦 2001012	黑龙江省农业科学院作物育种所
宁农 2 号	93 鉴 104	国审麦 2001013	宁夏农学院
绵阳 30	绵阳 96-12	国审麦 2003001	四川省绵阳市农业科学研究所
绵阳 32 号	MS1	国审麦 2003002	四川省绵阳市农业科学研究所
川育 16 号	58769～6	国审麦 2003003	中国科学院成都生物研究所
川麦 10 号	白粒 3 号	国审麦 2003004	四川农业大学
川麦 32	SW8188	国审麦 2003005	四川省农业科学院作物研究所
豫麦 63 号	偃展 1 号	国审麦 2003006	河南省豫西农作物品种展览中心
豫麦 66 号	兰考 906-4	国审麦 2003007	河南省兰考农华种业有限公司 中国科学院遗传所
豫麦 69 号	新麦 9 号	国审麦 2003008	河南省新乡市农科所
新麦 13 号	新乡 9178	国审麦 2003009	河南省新乡市农科所
西农 2208		国审麦 2003010	西北农林科技大学
石家庄 8 号	石 98-7136	国审麦 2003011	河北省石家庄市农业科学研究所
邯优 3475	邯 3475	国审麦 2003012	河北省邯郸市农科院
邯 6172	邯 95-6172	国审麦 2003013	河北省邯郸市农科院
济麦 19 号	935031	国审麦 2003014	山东省农科院作物所
泰山 21 号	泰山 241	国审麦 2003015	山东省泰安市农业科学研究所
洛旱 2 号		国审麦 2003016	河南省洛阳市农业科学研究所
轮选 987		国审麦 2003017	中国农业科学院作物育种栽培研究所
晋农 207		国审麦 2003018	山西农业大学

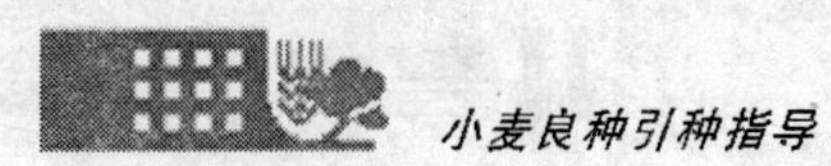

续表 8

品种名称	原 名	审定编号	选 育 单 位
长 6878		国审麦 2003019	山西省农科院谷子研究所
克丰 8 号	克 92R-172	国审麦 2003020	黑龙江省农科院克山小麦所
垦九 9 号	九三 93-3u92	国审麦 2003021	黑龙江省农垦总局九三科研所
宁 J210	90 鉴 210	国审麦 2003022	宁夏农科院农作物研究所
川农 16 号	98-1231	国审麦 2003023	四川农业大学
川农 17 号	R57	国审麦 2003024	四川农业大学
扬辐麦 2 号	扬辐 9798	国审麦 2003025	江苏省里下河地区农业科学研究所
浙丰 2 号		国审麦 2003026	浙江省农业科学院
郑麦 9023		国审麦 2003027	河南省农业科学院小麦研究所
新麦 11 号		国审麦 2003028	河南省新乡市农业科学研究所
周麦 16 号		国审麦 2003029	河南省周口市农业科学研究所
淮麦 20 号	淮阴 9720	国审麦 2003030	江苏省徐淮地区淮阴农科所
豫麦 70 号	内乡 188	国审麦 2003031	河南省内乡县农业科学研究所
偃展 4110	矮早 4110	国审麦 2003032	河南省豫西农作物品种展览中心
兰考矮早八		国审麦 2003033	河南省兰考农华种业有限公司
小偃 22		国审麦 2003034	西北农林科技大学
豫麦 57 号	漯麦 4 号	国审麦 2003035	河南省漯河市农业科学研究所
邯 6172		国审麦 2003036	河北省邯郸市农业科学研究所
科农 9204	9204	国审麦 2003037	中国科学院遗传与发育生物研究所
衡 95 观 26		国审麦 2003038	河北省农林科学院旱作农业研究所

续表 8

品种名称	原　名	审定编号	选育单位
长 6154		国审麦 2003039	山西省农业科学院谷子研究所
津农 4 号	津农 152	国审麦 2003040	天津市农作物研究所
北农 9549		国审麦 2003041	北京农学院植物科学技术系
晋太 170		国审麦 2003042	山西省农业科学院作物遗传研究所
赤麦 5 号	赤 94-5	国审麦 2003043	内蒙古赤峰市农业科学研究所
沈免 96	沈免 96085	国审麦 2003044	沈阳农业大学
九三 95-41080		国审麦 2003045	黑龙江省农垦总局九三科学研究所

新品种权利是一种知识产权,它属于新品种的选育单位和个人(即品种权人),它规定品种权人享有对其授权品种(授予品种权的新品种)的独占性,任何单位和个人未经品种权人许可,不得以商业目的生产或者销售该授权品种的种子。为了保护新品种权,鼓励培育和使用新品种,促进农业的发展,1997 年 3 月 20 日国务院颁布了《中华人民共和国植物新品种保护条例》(以下简称《条例》),2001 年 2 月 26 日农业部公布了《中华人民共和国植物新品种保护条例实施细则》。《条例》规定,农业部为农业植物新品种权的审批机关,依照《条例》规定授予农业植物新品种权。农业部植物新品种保护办公室承担品种权申请的受理、审查以及管理等其他有关事务。《条例》规定,申请品种权保护的品种,应当具备新颖性、特异性、一致性、稳定性和适当的名称。至 2003 年,我国申请小麦新品种保护权的已有 21 个品种(表 9)。

表9　2001～2003年获新品种权的小麦品种名录

品种名称	原　名	品种权号	品 种 权 人
豫麦66号		CNA20000099.3	河南省兰考农华种业有限公司
华麦2号		CNA20010156.0	石家庄市旱农种子开发有限公司
LZ3279		CNA20010028.9	山东省莱州市农业科学研究所有限责任公司
BGW76		CNA20010180.3	山西省农业科学院作物遗传研究所
皖麦46		CNA20020046.1	安徽省宿州市农业科学研究所
金铎1号		CNA20010165.X	杨金铎
郑麦9023		CNA20020004.6	河南省农业科学院
淮麦20号		CNA20020014.3	江苏省徐淮地区淮阴农业科学研究所
豫麦68号		CNA20010022.X	河南农业大学、河南省浚县农业试验站 原种场、河南省浚县种子公司
郑麦98		CNA20020005.4	河南省农业科学院
偃展4110		CNA20020008.9	河南省豫西农作物品种展览中心 河南省同舟缘种子科技有限公司
皖麦44		CNA20020012.7	安徽省农业科学院作物研究所
川农12号		CNA20020090.9	四川农业大学
川农17号		CNA20020097.6	四川农业大学
川农18号		CNA20020098.4	四川农业大学
川农19号		CNA20020099.2	四川农业大学
扬辐麦2号		CNA20020122.0	江苏省里下河地区农业科学研究所
山农优麦3号		CNA20020159.X	山东农业大学
郑农16		CNA20020054.2	郑州市农林科学研究所
周麦16		CNA20020109.3	河南省周口市农业科学研究所
扬麦11号		CNA20020140.9	江苏省里下河地区农业科学研究所

四、种子生产和种子质量鉴定

(一)种子生产

《中华人民共和国种子法》规定,主要农作物商品种子实行许可证制度,凡领取有新品种权的种子生产许可证的,应征得品种权人的书面同意后,方可进行种子生产。种子生产的基本任务:一是在保证品种优良种性的前提下,按市场需求繁殖出符合国家种子质量标准的优质种子;二是采用科学方法,对使用多年但仍有使用价值的品种进行提纯、复壮,延长其使用年限。根据种子繁殖世代,把种子分为育种家种子、原种、良种三个类别。种子生产包括种子生产技术、生产基地建设、种子加工处理和种子贮藏等内容。

1. 种子生产技术 因种子类别不同而异。育种家种子是由育种家(育种单位)提供,代表该品种的标准性状,品种纯度最高;原种是由育种家种子直接繁殖或者按照原种生产技术操作规程生产的达到原种质量标准的种子;良种是由原种繁殖的第一代至第三代达到良种质量标准的种子。

1998年,农业部颁发了《小麦原种生产技术操作规程》国家标准(GB/T 17317—1998)。该规程规定了原种生产方法和调查记载标准。原种生产采用单株(穗)选择、分系比较和混系繁殖,即株(穗)行圃、株(穗)系圃、原种圃的三圃制和株(穗)行圃、原种圃的两圃制,或用育种家种子直接生产原种。在进行单株(穗)、株(穗)行、株(穗)系选择时,要保证原品种的典型性和丰产性,所以在田间适当位置应该设立多个原品种的育种家种子作为对照。小麦原种生产的调查记载项目有:①物候期,包括出苗期、抽穗期和成熟期;②植物学特征,包括苗期生长习性、株型、叶色、株高、芒(类型和色泽)、壳色、穗型、穗长、粒形、粒色、籽粒饱满度;③生物学特性，包括生长势、整齐度（植株整齐度和穗整齐度）、耐寒性、倒伏性、病虫害程度、落黄性；④经济性状，包括穗粒数、千粒重、粒质、产量（实际产量和理论产量）。

良种生产的基本原则是防杂保纯，为此在选择种子田、播种、管理、收获、贮藏等诸多环节必须严格把关。为了提高小麦良种繁殖系数，一般采用稀播繁殖和加代繁殖的措施。

2. 种子生产基地建设 建立稳固的并有效管理的种子生产基地，是我国种子生产向产业化方向发展的必备条件。因为建立种子基地有利于稳定和提高种子生产的产量，保证供应；有利于种子质量的控制和管理，加速实现种子质量标准化；有利于进行规模生产，降低成本，提高劳动生产率；有利于种子加工机械化的实施；有利于向种子经营集团发展，促进新品种的开发与利用；有利于国家有关种子法规的实施，净化种子交易市场，实现种子管理法制化。

3. 种子加工处理 主要内容是清选分级、杀灭病菌和包装。凡经过药剂处理或种子包衣后的种子，必须采用密封性能好的包装袋包装，并在包装袋上标明药剂名称、有效成分及含量、注意事项和必要的警示标志。2001 年 2 月 26 日农业部发布了第 50 号令，对商品种子加工包装作了规定。

（二）种子质量鉴定

国标 GB 4404.1—1996 中规定了小麦种子质量标准（表 10）。此标准中，以品种纯度指标作为划分种子质量级别的依据，净度、发芽率、水分其中任一项达不到指标即为不合格种子。

表 10 小麦种子质量标准 (GB 4404.1—1996)

纯度不低于(%)		净度不低于(%)	发芽率不低于(%)	水分不高于(%)
原种或一级	良种或二级			
99.0	99.0	98	85	13

种子纯度鉴别的重要依据,是种子外观的室内鉴定和苗期、成株期的田间鉴定。小麦种子粒形分长圆、椭圆、卵圆和圆形四种,粒色有红、白、黄、紫或黑之分。对某一品种而言,其粒形和粒色是相对稳定的。因此,粒形和粒色是鉴别各品种的重要依据。当种子从外观难以鉴别时,可采用小麦种子贮藏蛋白(麦谷蛋白和醇溶蛋白)指纹图谱的鉴定方法,也可采用同工酶电泳图谱鉴定方法(如酯酶),必要时还需进行细胞染色体数和 DNA 分子标记检测。苗期和成株期的田间鉴定,除形态特征、长相、长势外,必要时可测定其对温度、光周期和抗病虫害特性的生理学检测。

种子的容重(单位容积内种子重量,克/升)、千粒重是反映种子饱满度并与种子质量有关的指标。由于容重和千粒重受环境的影响大,常作为种子分级的数量指标。

种子活力是决定种子处在发芽与出苗期间的生物活性强度和种子特性的综合表现。表现良好者为高活力种子,表现差的为低活力种子。高活力种子具有明显的生长优势和生长潜力,表现在田间出苗率高,能抵御不良的环境条件,增加对病、虫、杂草竞争能力,抗寒力强,节约播种费用,从而增加作物产量,提高了种子耐贮性。因此,高活力种子对农业生产有十分重要的意义。1997 年,在国际种子检验协会(ISTA)代表大会上明确了种子活力是种子质量的重要指标,并推荐了 9 种较为常用的活力测定方法。一般来说,活力与发芽力呈正比。小麦种子的发芽力是以发芽势和发芽率来表示的,常规的操作是在温度 20℃条件下,在发芽床(湿纸或湿沙)上 3～4 天时的发芽数为发芽势,5～8 天时的发芽数为发芽率。

种子检验是对种子质量进行全面控制和评定的主要手段,在种子收获后的贮藏、收购、调运和播种前对每批种子应用科学、标准方法,对种子质量进行检测、鉴定、分析,以判断其利用价值。1995 年 8 月 18 日,国家技术监督局颁布了新的《农作物种子检验规程》(GB/T 3543.1～3543.7－1995,简称《95 规程》。此规程分为扦样、检测和结果报告三大部分。完整的结果报告单应包括下列内容:①签发机构的名称;②扦样及封缄单位的名称;③种子批的正式标签及印章;④来样数量和代表数量;⑤扦样日期;⑥检验机构收到样品日期;⑦样品编号;⑧检验项目;⑨检验日期。而且报告不得涂改。

2001 年 2 月 6 日,农业部发布了《农作物种子标签管理办法》,对标签的制作、标准、使用和管理作了明确的规定。标签是种子经营者在销售种子时向使用者提供的特定图案及文字说明,它包括作物名称(应加注种子生产许可证编号和品种审定编号)、种子类别(杂交种或常规种、育种家种子、原种、大田用种)、品种名、产地(最大标注到省级)、种子经营许可证编号、质量指标(指生产商承诺的品种纯度、净度、发芽率、水分等指标)、检疫证编号(标注产地检疫合格证编号或植物检疫证书编号)、净含量(实际重量)、生产年月(种子收获时间,若为 2000 年 7 月,则标注为 2000－07)、生产商名称(最初商品种子供应商)、生产商地址(按生产经营许可证注明的地址标注)及联系方式(电话、电报、电子邮箱)。药剂处理的种子应标明药剂名称、有效成分及含量、注意事项及必要的警示标志。种子中含有杂草种子的,应加注有害杂草的名称(如毒麦等)和比率。

第三章 小麦引种的原则和方法

一、引种的原则及规律

(一)小麦的阶段发育

小麦从种子萌发到成熟的生命周期中,要经过几个发育阶段,通过某一发育阶段时,都要有一定的综合外界条件,如温度、光照、水分、空气、营养物质等。但其中起主导作用的条件因发育阶段的不同而异。迄今研究得较多的是春化阶段和光照阶段。种子萌发后只要有一定程度、一定时间的低温条件,就能通过春化阶段。根据小麦品种对低温反应的不同可分为冬性、弱(半)冬性、春性。冬性品种通过春化阶段的适宜温度为0℃~3℃,经历时间为35天以上,不满足此条件不能正常抽穗;弱(半)冬性品种分别为0℃~7℃,15~35天;春性品种分别为0℃~20℃,5~15天,或者不经过低温春化处理也能抽穗。从1953年起,原华北农业科学研究所、华东农业科学研究所等单位先后对我国小麦品种的春化阶段进行了研究,秋播小麦品种的大体趋势是,自南向北依次为春性、弱冬性、冬性或强冬性。以北纬33°为界,在此以南地区的品种,春化阶段对温度要求较宽,春化阶段时间短。但地势高低也有关系,同纬度的高原地区比平原地区春性偏弱,冬性偏强。由于近20年来全球气候明显变暖,在这期间选育和应用的品种,冬性程度有不同程度的减弱,但是在北部冬麦区的北线或冬麦北移的地区,强冬性、抗寒品种仍是保证稳产、丰产的重要选种目标和引种依据。春播小麦都是春性、偏春性,有的品种没有明显的春化反应,可以夏播。

小麦生长锥开始伸长即标志已通过春化阶段,只要外界条件合适,就进入光照阶段发育。

小麦品种根据其对日照长短反应的差异,大体上也分为三种类型:①反应迟钝型。即每天8~12小时日照条件下,经历16天以上,就能正常抽穗。②反应中等型。即每天8小时日照条件下不能抽穗,12小时日照经历24天便可抽穗。③反应敏感型。即每天12小时以上日照,经历30~40天才能通过光照条件而抽穗。这三种类型都以温度20℃左右通过光照阶段最快,低于10℃或高于25℃则趋向缓慢。一般讲,温度大于10℃时,光照阶段便开始进行。一般高纬度地区的品种属于光照反应敏感型,低纬度地区品种属于光照反应迟钝型。小麦春化阶段通过后,如果其对光照阶段的要求得不到满足,也会延缓发育,不能正常抽穗。我国小麦品种对光照条件的反应,主要决定于品种所在地生育期间的日照条件和春季到来的早晚。我国各地的日照时间长短的变化规律是在3月下旬以后,从南向北递增。北纬30°以南地区的品种对光照反应比较迟钝;北纬30°~35°地区的品种是迟钝型与敏感型兼有之,但迟钝型占多数;北纬35°以北地区,品种对光照的反应就是敏感型了。

秋播小麦的生育期由南向北而延长,华南沿海早熟品种的全生育期一般不超过120天,北部冬麦区达230天以上,西藏高原长达330天以上。春播小麦的生育期短,通常为80~120天,东北春麦区生育期短的只有80~90天。冬、春小麦都要经历出苗、分蘖、拔节、抽穗、开花、灌浆到成熟等一系列明显的生育时期。

(二)小麦种植区的地理气候条件

小麦种植区的纬度、海拔高度不同,其日照、温度、降水有很大差异。一般纬度愈高,夏季白昼时间愈长,冬季白昼时间愈短,所以在高纬度地区选育和种植的品种对日照反应敏感,通过光照阶段需要的日照时数就长。从温度讲，纬度愈高，各月平均温度的差异较大，而且温度的年较差也较大。我国5~9月份为全年温度较高的月份，12月份至翌年1月份为全年温度较低的月份，夏季南北温差小，冬季温差大。所以，在我国就秋播小麦而言，在高纬度地区选育和推广的品种，其冬性要强。从降水量看，低纬度地区降水量多，高纬度地区降水量少。我国北方6~8月份降水量较多，而南方4~9月份降水量多。

我国小麦主产区与世界上同纬度的地区相比较，冬季温度偏低，春季温度回升早、回升快，而夏季则反而比同纬度地区温度偏高，加之降水量分布有多有少，耕作制度复杂，所以形成了多种多样的品种类型。

(三)小麦品种生态型与引种

小麦的阶段发育特性和抗逆性是小麦最基本的生态特性。小麦品种的生态型一般是以生育特性和抗逆性为主要依据并联系其他生理特性、形态特征和经济性状等进行分类和确定的。小麦品种生态型是在一定地区的自然、经济、栽培条件下，通过自然选择和人工选择形成的。小麦品种在不同的生态条件下有不同的生态型。属于某一生态地区的生态型的品种都对该地区的生态环境有高度的适应性，主要表现在生育的正常性，对特定的不利条件的抗、耐性，以及保持产量的相对稳定性等方面。在同一生态区内，小麦品种和品种类型可以有多种多样，各类特征特性也会有不同程度的变化，但其基本的光温特性和抗、耐性都有某种程度的相似性。金善宝、庄巧生等根据生态环境和小麦品种生态型，将我国分为十大小麦种植区，即北部冬麦区、黄淮冬麦区、长江中下游冬麦区、西南冬麦区、华南冬麦区、东北春麦区、北部春麦区、西北春麦区、青藏春冬麦区和新疆冬春麦区(见中国小麦种植区划图)。各大麦区因地域的地理、气候、土壤、耕作制度的差异又分成若干个副区。

确切的小麦生态区划和小麦品种生态型，是小麦引种工作的基本依据。引种成败，往往取决于地区之间的生态环境因素和品种生态类型的差异程度。某一地区的优良品种，引种到另一地区，倘若“水土不服”，就不能在引进地区起到增产作用，反而造成减产甚至绝收。

(四)引种的原则

1. 根据当地的生态条件和生产上对品种性状的要求进行引种 气候相似论是引种工作中被广泛接受的理论之一。其基本要点是，地区之间在影响作物生产的主要气候因素如温度、光照、降水等，应相似到足以保证作物品种互相引用成功的可能性。也就是说，在同一个小麦生态区内进行引种易于获得成功。在某一生态区内，生产上对小麦品种性状的要求，除受环境因素的影响外，也受到市场经济发展的制约。如长江中下游冬麦区，复种指数高，麦收前后的雨水多，赤霉病经常流行，因此要求引进的品种耐迟播，早熟，赤霉病轻，耐湿性好，种子休眠期长。随着我国专用小麦产业带的逐步建立和完善，该麦区气候条件更适宜弱筋小麦的选育和生产。又如北部冬麦区，要求小麦品种抗条锈病、耐寒、耐旱；在高寒地区，耐寒性更是关键。该麦区的气候条件适宜强筋小麦的选育和生产。再如东北春麦区，小麦生育期短，要求小麦品种抗秆锈病，早熟，前期耐旱、后期耐湿，抗穗发芽。近年来，该麦区选育和栽培了一批强筋小麦品种如辽春 10 号、小冰麦 33、龙麦 26、垦红 14 等。

2. 遵循不同麦区间相互引种的一般规律 自南向北短距离引种，从光温条件看，只要能安全越冬，就有成功的可能，但是有生育期缩短、植株变矮、产量下降的现象。如果是长距离由南向北调种，常常因不能安全越冬而失败。自北向南较远距离的地区间引

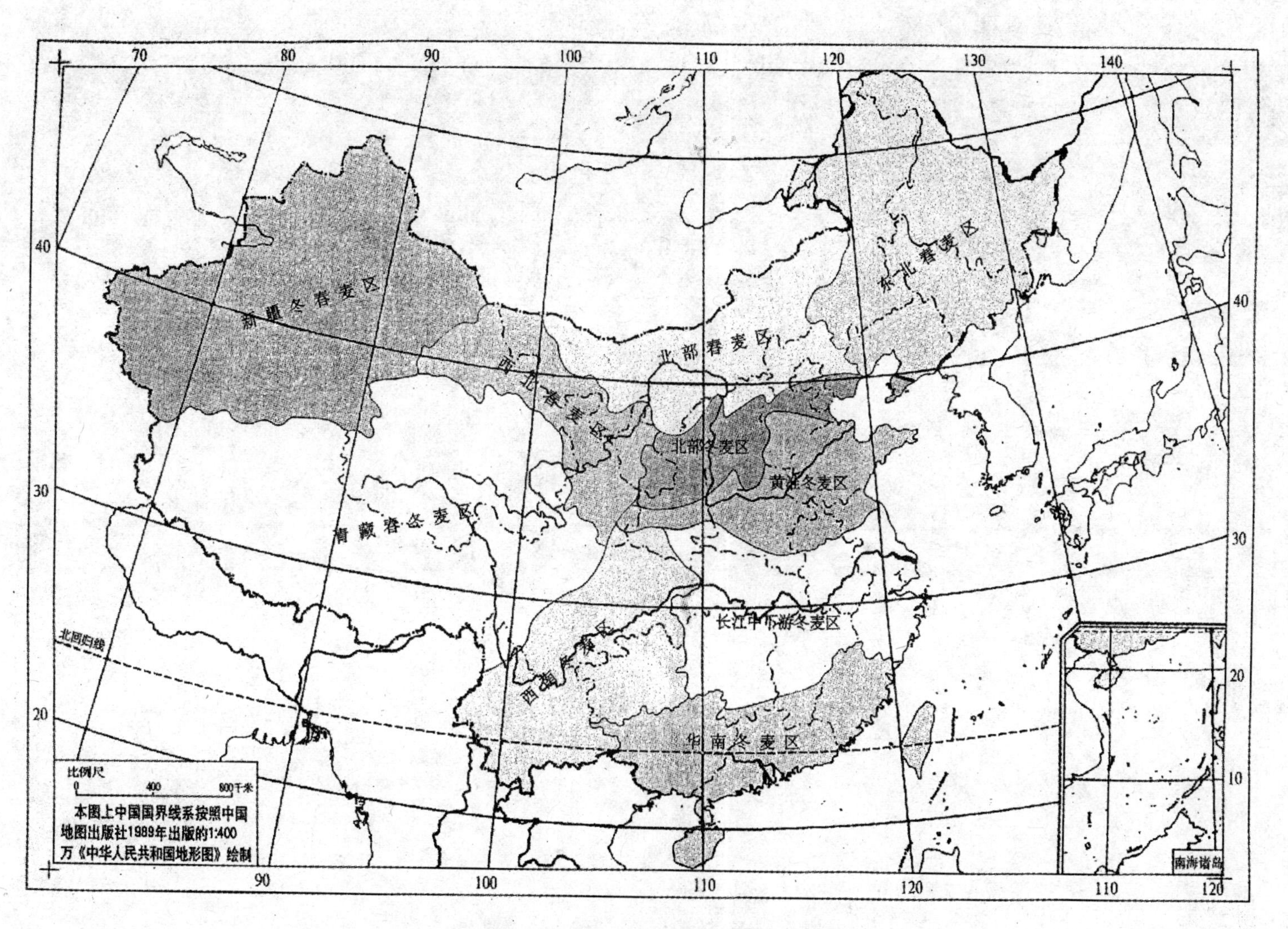
新疆冬春麦区
北部春麦区
东北春麦区
西北春麦区
北部冬麦区
黄淮冬麦区
青藏春冬麦区
长江中下游冬麦区
西南冬麦区
华南冬麦区
北回归线
比例尺
0 400 800千米
本图上中国国界线系按照中国地图出版社1989年出版的1:400万《中华人民共和国地形图》绘制
南海诸岛

中国小麦种植区划图

种，如华北、黄土高原的品种向南引种，由于温度（苗期低温）及光照条件不能满足，发育延缓，甚至不能抽穗结实。在纬度相近而海拔高度相似的地区引种，成功的把握大。如河南南部、江苏南部、浙江、安徽南部、湖北等地区之间，山东中南部、陕西中部、河南中北部、江苏和安徽的淮北等地区之间，其引种一般都能适应。如果海拔高度不同，就要考虑海拔高度对温度的影响。一般海拔每升高 100 米，相当于纬度增加 1°，这当然主要是从温度上考虑。因此，同纬度的高海拔地区与平原地区之间的相互引种不易成功，而纬度偏低的高海拔地区与纬度偏高的平原地区的相互引种的成功可能性较大，如北京地区的冬小麦品种引种到陕西省北部往往能良好适应。此外，在一定的地区范围内，由于生产条件、耕作栽培制度的改变，品种的类型也会相应发生变化，这在引种时要予以注意。

3. 掌握自国外引种的一般规律 我国幅员辽阔，南北跨纬度 49°之多，东西占经度 61°有余，具有热带、亚热带、温带等气候和高山、丘陵、平原等地形，以及多种多样的土壤类型，可为国外小麦品种引入中国提供相应的生态条件。我国现代小麦的国外引种开始于 20 世纪 20 年代，至今生产上直接推广利用的国外品种年种植面积超过 0.67 万公顷的有 60 多个，其中超过 6.7 万公顷的有 15 个：意大利的 7 个（矮立多、中农 28、南大 2419、阿夫、阿勃、郑引 1 号、阿泊），美国的 4 个（碧玉麦、甘肃 96、早洋麦、松花江 2 号），苏联的 2 个（乌克兰 0246、新乌克兰 83），墨西哥的拜尼莫 62 和智利的欧柔。生产实践说明，意大利小麦品种很适宜在中国长江流域利用，有些品种也适应黄淮冬麦区和西北春麦区，至今已有 15 个品种直接应用于生产。美国的春小麦品种适宜在中国的东北和西北春麦区种植，冬小麦较早熟品种适合在华北地区种植，曾有 12 个品种在我国推广种植。苏联小麦品种主要在新疆、甘肃等地生产上直接利用。墨西哥小麦适应性广，对光周期反应不敏感，而且抗锈病能力强，但是生育后期易感染赤霉病，易早衰，所以适合在西北春麦区、新疆冬春麦区南疆副区和云南省南部种植，已有10多个品种在生产上利用。智利品种欧柔曾在华南冬麦区、北方春麦区大面积种植，并且在19个省、自治区用做杂交亲本，选育出衍生品种232个，其中有著名的黄淮麦区主栽品种泰山1号、济南13。

4. 品种的适应性与引种 品种的适应性包括一般适应性和特殊适应性。一些品种一般适应性良好，能适应广阔地区的生态条件，而不一定能适应特殊的地区条件；有些品种的特殊适应性较强，而不能适应其他地区的生态条件。所以，每引进一个新品种，必须进行试验、试种，参加一定范围的区域性试验，以确定其适应性和稳产性。一般讲，通过异地穿梭育种或南繁北育方法而育成的品种，有较好的一般适应性。在引种时，还应注意不同地区小麦锈病、白粉病病菌生理小种的分布及品种的抗病性，这也是考虑品种适应性的重要内容。

二、引种方法及注意事项

（一）品种材料的收集与试种

品种材料的收集和试种，是选引适于本地区优良品种成败的关键，应在有关小麦引种的基本原理和规律的指导下有预见地进行。首先要掌握计划引进品种的相关信息，如系谱、选育过程、生态型、对光温反应特性及在原产地的表现。把原产地的自然条件、耕作制度、生产水平和本地区的生态、生产条件进行比较分析，以此说明该品种适应本地区生产发展需要的可能性。其次是少量引种，在小面积上进行试种观察。引种时一定要通过检疫程序，以免把本地区没有的病虫害和杂草引进。目前，我国小麦的主要检疫对象是矮腥黑穗病、印度腥黑穗病、黑森瘿蚊、毒麦等。如果从国外引种，必须在中国农业科学院作物品种资源研究所全国统一归口管理的前提下，经过申报、检疫、登记、统一译名、隔离检疫试种，确定无检疫对象后，才可分发到相应地区小面积试种。在试种时，要以当地良种作为对照，在生育期间进行系统对比观察和记载，了解其对当地条件的适应能力。再次是参加产量比较试验，包括品种比较试验、区域试验或多点试种，对其适应性、产量潜力、抗病性、品质做出全面评估后，经群众评比，证明该品种比当地良种高产、稳产、优质、高效，适宜种植后，方可加速繁育良种或大批量调种。

（二）进行栽培试验

根据品种特点进行栽培试验，是保证引种成功的重要措施。不同良种都有其最佳栽培技术，在此技术下才能发挥其增产潜力，因此可与产量比较试验同时交叉进行栽培试验，以缩短引进品种的试种阶段，加速引进良种的产业化进程。

（三）加速繁育和大批量调种

新品种种子的加速繁育可采用就地稀播繁殖、异季加代繁殖或异地加代繁殖。异地繁殖时，要注意异地的病虫害类型，以免发生交叉感染。大批量异地调种，一定要按照有关法规进行，种子生产和经营单位必须提供品种审定批准文号、农作物种子生产经营许可证、种子质量合格证、植物检疫证书或产地检疫合格证、品种标签。根据《中华人民共和国经济合同法》、《中华人民共和国种子法》及有关规定，为明确双方的权利和义务，应按《农作物种子购销合同》格式签订购销合同。

参考书目录

1 庄巧生主编．中国小麦品种改良及系谱分析．北京:中国农业出版社,2003

2 孙芳华,杜振华,李学渊等．冬小麦北移研究论文集．我国冬小麦种植边界北移研究进展与展望.2000.5

3 陈生斗主编．中国小麦育种与产业化进展．北京:中国农业出版社,2002

4 吴兆苏编著．小麦育种学．北京:农业出版社,1990

5 金文林主编．种业产业化教程．北京:中国农业出版社,2003

6 金善宝主编．夏播小麦理论与实践．北京:气象出版社,1994

7 林作楫主编．食品加工与小麦品质改良．北京:中国农业出版社,1994

8 胡瑞法著．种子技术管理学概论．北京:科学出版社,1998

9 董玉琛,郑殿生主编．中国小麦遗传资源．北京:中国农业出版社,2000

(撰稿人:陈孝、马志强)

第四章 小麦新品种介绍

一、北 京 市

(一)中麦9号

品种来源 中国农业科学院作物育种栽培研究所选育而成，杂交组合为泗阳936/83鉴25。于1997年通过北京市农作物品种审定委员会审定和河北省认定，1998年通过全国农作物品种审定委员会审定。

特征特性 冬性，熟期中熟偏晚。抗寒性中等。幼苗半匍匐，敦实健壮，叶色深绿，叶片肥厚有蜡质。株高80厘米左右，基部节间短，穗下节间长，茎秆粗壮坚韧，抗倒伏力强。分蘖力中等，成穗率高，穗层整齐。穗长方形，穗长7~8.5厘米，长芒，白壳，白粒，千粒重50克，粗蛋白质含量13.6%。对条锈病、叶锈病和白粉病有一定抗、耐性。在河北省保定地区表现抗小麦吸浆虫。

产量表现与适种地区 适宜在河北、山西中部、山东和河南北部等高肥水地块种植，一般单产6 000千克/公顷，高产的地块7 500千克/公顷。1995年，河北省青县种植0.246公顷单产达10 577.5千克/公顷。2002年在河北省推广种植12.6万公顷。

栽培技术要点 为发挥其穗大、粒重的优点，群体不宜过大。适期播种的，高肥地基本苗在150万~225万株/公顷，中上等地为225万~300万株/公顷，以每公顷成穗600万~675万穗为宜。注意施足底肥，返青期要蹲苗、控蘖，促进根系生长。春5叶露尖前后肥水促进。抽穗灌浆期注意防治蚜虫，适时收获。

（撰稿人：张秀英）

（二）中优9507

品种来源　中国农业科学院作物育种栽培研究所选育而成，是中作8131－1的衍生种，其杂交组合为京771/中7606//引1053－Dr。于2000年、2002年分别通过天津市、北京市和河北省农作物品种审定委员会审定。

特征特性　冬性。株高90厘米左右，茎秆有韧性。穗长方形，长芒，白壳，白粒，千粒重45克左右。籽粒品质优良：容重800克/升，粗蛋白质含量16.5%，湿面筋含量38.8%，沉淀值45～53毫升；粉质仪吸水率60%，面团形成时间8～13分钟，稳定时间14.5～19.3分钟。烘烤品质好，100克面粉的面包体积865～980厘米^3，达到国际一级优质面包麦的标准。抗条锈病，叶锈病和白粉病轻。成熟落黄好。

产量表现与适种地区　在北京市、天津市、河北省中北部及新疆部分地区推广种植，其单产与主栽品种京411、京冬8号相近，平均单产5 250～6 000千克/公顷。该品种适宜在北部冬麦区保定市以北的中等以上肥力、有灌溉条件的地块栽培，2002年在河北省、山西省、北京市等地推广种植6.7万公顷。

栽培技术要点　京、津地区以10月初播种为宜，每公顷播量150千克左右，每公顷成穗675万穗。注意适当晚播，防止年前生长过旺。控制返青期水肥，促进壮苗。对除草剂敏感，要严格把握除草剂的施用时间和浓度。

（撰稿人：王德森）

（三）中旱110

品种来源　中国农业科学院作物育种栽培研究所以昌乐5号为母本、以北京8694为父本杂交，采用系谱法在旱地经过多年精心培育与选择而成。于 2002 年 8 月通过山西省农作物品种审定委员会审定。2003 年 2 月,天津市农作物品种审定委员会核准在天津市推广种植。

特征特性 冬性,中熟。幼苗半匍匐,生长较快,繁茂性好,分蘖力强,成穗率高。株高 90 厘米左右,茎秆坚韧,抗倒伏。穗纺锤形,长芒,白壳,白粒,千粒重 40~50 克。品质较好,粗蛋白质含量 15.4%,湿面筋含量 32%,沉淀值 45 毫升。抗条锈病和叶锈病,白粉病轻。耐盐碱,抗旱和抗寒力强,越冬率 100%。抗干热风,落黄好。

产量表现与适种地区 近几年,在华北北部冬麦区的北京市、天津市、河北省廊坊市安次区、黄骅市,甘肃省张掖市、定西地区,陕西省铜川市,山西省中部以及黄淮冬麦区北片的河北省元氏县、鹿泉市、长安区等的旱地和中下等水肥地试验、试种、示范,都表现增产显著,深受农民欢迎。1994~1995 年,参加本所冬小麦品比试验,折合单产 4 296~3 601.5 千克/公顷,比对照品种增产28.3%~16.3%。1998~2000 年,参加甘肃省定西地区地区级旱地小麦区域试验,3 年平均折合单产 2 817 千克/公顷,比对照品种增产 7.1%。2000~2002 年,参加山西省省级旱地区试,3 年平均折合单产 3 678 千克/公顷,比对照品种增产 12%。2000 年,在甘肃省定西县、通渭县、陇山等地的山坡丘陵旱地试种 2 公顷,单产 5 370 千克/公顷。2001 年,在天津市宝坻区大屯镇石辛庄村盐碱地种植 33.33 公顷,单产 3 750 千克/公顷。该品种适宜在以下地区的旱地、中下等水肥地种植:北京市,天津市,河北省沧州、衡水、石家庄、邢台等市,山西省太原市、榆次市、吕梁地区、长治市、晋城市,陕西省渭北高原,甘肃省陇东,辽宁省大连市,山东省德州市、潍坊市等。

栽培技术要点 ①施足底肥。一般施猪圈粪或堆肥 3.75 万~7.5 万千克/公顷,尿素 112.5 千克/公顷为底肥。如无堆肥则改用化肥做底肥，施用磷酸二铵 300 千克/公顷，尿素 75 千克/公顷，钾肥 112.5 千克/公顷。②适期早播。北部冬麦区以秋分前后播种为宜，中下等水肥地以秋分后即 9 月 30 日以前播种为宜；黄淮冬麦区北片以寒露前后播种为宜，中下等水肥地以寒露后即 10 月 15 日以前播种为宜。③适宜的基本苗数，在适期早播的条件下：北部冬麦区为 375 万～450 万株/公顷，中下等水肥地为 300 万～375 万株/公顷；黄淮冬麦区北片为 300 万～375 万株/公顷，中下等水肥地为 225 万～300 万株/公顷。④压麦松土，增温保墒。严重干旱年份，可在小麦返青至拔节前结合压麦，松土 2～3 遍，使小麦吸收较多的水分和养分，可显著提高产量。压麦时间宜在早春土壤化冻至似通未通之时，用碌碡压一遍，随即用竹耙或四齿铁耙搂麦 2～3 遍。⑤浇好关键水。只能浇一水的麦田，以浇起身水为好，结合浇水，追施尿素 225 千克/公顷；能浇两次水的麦田，以浇冻水和拔节水为好。一般小麦拔节后，结合浇水追施尿素 225 千克/公顷。

（撰稿人：孟凡华）

（四）农大 3214

品种来源 中国农业大学小麦遗传育种研究室由组合农大 3338/S180 采用系谱法于 1996 年育成。2001 年通过北京市农作物品种审定委员会审定。

特征特性 冬性，成熟期比京 411 早 1 天或更多。抗寒性强。幼苗匍匐，苗色较浅，叶片细长，分蘖力极强，繁茂性突出。株高 80 厘米左右，茎秆柔韧，抗倒伏性较好。穗纺锤形，长芒，白壳，白粒。籽粒短圆形，千粒重 43～45 克，饱满，角质度高，外观品质优良。高抗白粉病和条锈病，对叶锈病免疫。落黄好。

产量表现与适种地区 该品种有很好的穗数与穗粒数的协调性，穗大粒多，同时适应性较强，目前在北京、天津、山西、河北东部等地都有较大面积的种植。1997年在本校品比试验中,折合单产9 180千克/公顷,比对照品种京411增产11.6%。1998~2000年,连续3年参加北京市小麦预试及高肥组区试,平均折合单产6 660千克/公顷,产量与京411持平。1999年在本校示范繁殖过程中,基本苗172.5万株/公顷时,单产7 245千克/公顷;同年,在北京市海淀区东北旺乡示范种植12.7公顷,平均单产6 540千克/公顷。2000年参加北京市新品种生产示范,单产6 397.5千克/公顷,超过京411,居第二位。2002年在河北省推广种植1.8万公顷。

栽培技术要点 播量不宜太大,在中等以上肥水条件下,适期播种时,基本苗控制在180万~240万株/公顷即可。在春季返青后,苗期生长量不大是该品种的特点,因此返青期不需要过多肥水促苗。拔节后生长量加大,应重施肥水。需浇好灌浆水。

(撰稿人:尤明山)

(五)农大3291

品种来源 中国农业大学小麦遗传育种研究室由组合农大3338/S180采用系谱法于1995年育成。2001年通过北京市农作物品种审定委员会审定。

特征特性 冬性,成熟期同京411。抗寒性较强。幼苗半匍匐,苗色深绿,叶片耸立,长势健壮。株高80厘米左右,旗叶上冲,株型紧凑,茎秆柔韧,抗倒伏性较好。穗纺锤形,长芒,白壳,白粒,籽粒短圆形,千粒重40~45克。高抗条锈病,中抗白粉病,对叶锈病免疫。熟相和落黄好。

产量表现与适种地区 该品种适应区域较广,分蘖力较强且成穗率较高,穗子较大,千粒重稳定,产量三要素协调,具有较高的产量潜力。除在北部冬麦区各地有广泛种植外,在黄淮冬麦区的河北省邯郸市也有较大的种植面积。1997年在本校品比试验中,折合单产8 670千克/公顷,比对照品种京411增产5.2%;同年,示范繁殖0.46公顷,单产7 552.5千克/公顷。1998年在北京市顺义区示范种植3.2公顷,平均单产8 475千克/公顷。1998~2000年,连续3年参加北京市小麦高肥组区试,平均折合单产6675千克/公顷,与京411持平。1999年参加北京市小麦新品种生产示范,比京411增产18.6%。2002年在河北省推广种植0.7万公顷。

栽培技术要点 种植时应注意播量不宜过大,在中等以上肥水条件下,适期播种基本苗控制在225万~270万株/公顷即可。对冬前总茎数1 050万~1 200万/公顷的壮苗,在底肥充足、墒情好的情况下,返青期应注意松土保墒,可以不施肥、不浇水,适当控苗。起身期要控制肥水,进行蹲苗。拔节期应重施肥水,以增加穗粒数和千粒重。视情况浇好孕穗水和灌浆水。

(撰稿人:尤明山)

(六)京9428

品种来源 北京市种子公司由组合京411×德国一吨半采用系谱法于1995年育成。2000年通过北京市农作物品种审定委员会审定。2001年和2002年,分别通过天津市和山西省农作物品种审定委员会审定。

特征特性 冬性,抗寒性与京411相当。幼苗直立,叶片宽,长势壮。株高85~90厘米,秆粗,抗倒伏性好。穗长方形,长芒,白壳,红粒,千粒重50克左右。粗蛋白质含量13.65%~16.5%,湿面筋含量32%~42.4%,沉淀值52.4~76毫升,形成时间3~9分钟,稳定时间7~16.7分钟,100克面粉的面包体积795~840厘米^3,面包评分84.5~91.4分。面粉白度很高,达到80.4~82。抗锈性与京411相当,白粉病较轻,后期落黄好。

产量表现与适种地区 该品种适应性较强,适宜在北京市郊区及北部冬麦区高肥力和中上等肥力地块种植。1998年在北京市昌平区崔村试种13.3公顷,单产6 225千克/公顷,比对照品种京411增产4%。1999年在北京市大兴县良种场试种5.3公顷，单产7 525.5千克/公顷，比京411增产5%；在北京市红兴农场试种34.1公顷，单产6 124.5千克/公顷，比京冬8号增产7%。2000年在北京市昌平区马池口试种12公顷，单产6 750千克/公顷，比京411增产8%。2002年在河北省、山西省、北京市、天津市推广种植12.3万公顷。

栽培技术要点　适期播种时，播种量不宜过大，冬前总茎数以控制在1 050万～1 350万/公顷为宜，成穗数600万/公顷左右。晚播麦(冬前无分蘖或只有1个分蘖过冬)基本苗600万～675万株/公顷，成穗数675万/公顷左右。总的原则是：以减少播种量、加强田间管理达到合理成穗数，以求穗大、粒多、高产。播种整地时，每公顷施磷酸二铵225～300千克、尿素112.5～150千克做底肥；浇冻水时，每公顷施尿素112.5千克；浇拔节水时，每公顷施尿素187.5～225千克。拔节水以春4～5叶露尖时为宜。一般全生育期浇冻水、拔节水、灌浆水三水。冻水不宜过早，以夜冻昼消时为宜。在浇好冻水的前提下，可不浇返青水。但在不保水的沙地或年前基本苗不足的地块，可浇返青水，并施尿素112.5～150千克/公顷。

(撰稿人：李彰明)

(七)京冬8号

品种来源　北京市农林科学院作物研究所从组合阿芙乐尔/5238-016//红良4号/3/有芒红7号/洛夫林10号中采用系谱法选育而成。原代号京农88-66。1995年通过北京市农作物品种审定委员会审定，随后又通过了天津市、河北省农作物品种审定委员会审定和山西省认定。1999年通过全国农作物品种审定委员会审定。2000年获北京市科技进步奖一等奖。

特征特性　冬性，中早熟。在北部冬麦区可安全越冬。幼苗直立，叶片宽大，叶色深绿，分蘖苗壮且小蘖退化迅速，成穗率中等，穗层整齐。大田生产中株高85~90厘米，茎秆粗壮、柔韧，抗倒伏性较好。穗纺锤形，长芒，白壳，红粒。籽粒硬质，容重810克/升，千粒重45~50克。沉淀值32.3毫升，湿面筋含量高，具有较好的流变学特性，加工品质也比较好，可作为面包专用粉搭配使用。抗条锈病、叶锈病和白粉病，蚜虫危害较轻。

产量表现与适种地区 曾先后在不同地区参加了14次正规的产量试验，其中12次名列第一，平均折合单产6 082.5千克/公顷，比对照品种增产10.9%。在大面积生产示范中，较对照增产8%以上。中上等地力稳产6 000千克/公顷，高产纪录可达9 000千克/公顷以上。在中等偏下地力条件下，也比一般品种显著增产。适应区域较广，已在北京、天津、河北保定以北、山西晋中、晋东南等广大地区栽培，2002年在河北、天津、山西等地种植23.1万公顷。

栽培技术要点 适宜播期为9月25日至10月15日，不宜过早播种。播种量不宜过大。10月5日以前播种，每公顷基本苗270万~360万株(高肥、早播取下限)；10月5日以后播种，每晚1天，基本苗增加15万株/公顷。一般掌握成穗600万~675万/公顷即可。要求浇足冻水，返青后适当控制肥水(苗情太差的情况除外)。另注意浇好冻水、拔节水和灌浆水，以确保安全越冬和发挥粒重优势。

(撰稿人：薛民生)

(八)轮选987

品种来源 中国农业科学院作物育种栽培研究所，选择农大139、北京837、BT 881等20个亲本分别与矮败小麦杂交，并回交，然后按一定比例混合，组成轮回选择基础群体，经3轮选择后，从群体中选择优良可育株P 93807-2，再经系谱选择，于1998年各种性状趋于稳定,田间编号为 RS 987。2003 年通过国家农作物品种审定委员会审定。

特征特性 冬性,稍晚熟。幼苗匍匐,生长较繁茂。株高 80 厘米左右,植株清秀,茎秆弹性好,较抗倒伏。穗纺锤形,长芒,白壳,红粒,千粒重 41 克,粗蛋白质含量 14.2%,成熟落黄好,较抗干热风。高抗条锈病,中抗白粉病,中感或高感叶锈病。

产量表现与适种地区 2001 年参加国家级北部冬麦区水地组区域试验,折合单产 6 407.3 千克/公顷,比对照品种京冬 8 号增产 10.6%,居 11 个参试品种第一位。2002 年参加国家级北部冬麦区水地组区域试验,折合单产 7 264.2 千克/公顷,比京冬 8 号增产 19%,居 11 个参试品种第一位。2002 年在中国农业科学院作物育种栽培研究所主持的国家冬小麦品种展示试验中(试验地点:北京市昌平区基地),折合单产 7 291.5 千克/公顷,比京 411 增产 15.9%,居 42 个参试品种的第一位。该品种适宜在北部冬麦区中高肥力地块种植。

栽培技术要点 施足底肥,深耕细作,药剂拌种,足墒下种。北部冬麦区一般在 9 月下旬或 10 月上旬播种。在适时播种的情况下,播种量每公顷 150 千克,保苗 300 万株。每公顷用磷酸二铵 225 千克和尿素 37.5 千克做种肥。全生育期浇水 2～4 次。返青期要促中有控,拔节初期以控为主,一般不浇水,下部第一、二节定长后浇水,促大蘖生长,提高成穗率。后期浇好灌浆水,以增加粒重。追肥一般分 2 次进行,第一次在冬前根据土壤肥力和苗情追施,结合浇头水每公顷施尿素 225～300 千克;第二次在小麦下部第一、二节定长后追施,根据苗情适当补追尿素 75～112.5 千克/公顷。适当、适时施用除草剂。成熟时适时收获,严防混杂,以提高种子纯度和质量。

(撰稿人:杨丽、刘秉华)

二、河 北 省

(一)8901-11-14

品种来源 河北省藁城市农科所选育而成,组合为77546-2/临漳麦。1998年通过河北省农作物品种审定委员会审定。2000年获国家优质品种后补助,2002年获河北省科技进步奖一等奖。

特征特性 半冬性,中熟。幼苗半匍匐,叶色浓绿,叶蘖挺直。株高82厘米左右。穗长方形,短芒,白壳,颖壳上有茸毛。白粒,硬质,千粒重38克左右,容重810克/升。粗蛋白质含量15.7%,赖氨酸含量0.39%,湿面筋含量36.1%,沉淀值51.3毫升,粉质仪面团形成时间6.4分钟,稳定时间29.2分钟,100克面粉的面包体积773厘米^3,面包评分83.3分。中抗条锈病,高抗叶锈病和白粉病。

产量表现与适种地区 参加河北省区试,1997年平均折合单产6620千克/公顷,较对照品种冀麦36减产1.4%,差异不显著;1998年平均折合单产6270.5千克/公顷,较冀麦36减产1.1%,差异不显著。1998年在河北省北营机场种植66.7公顷示范田,平均单产7828.5千克/公顷。2000年在藁城市种植1.3万公顷,平均单产7551千克/公顷。2001年在藁城市种植2.3万公顷,平均单产7560千克/公顷。它适宜于冀中南及河南省新乡、山东省聊城、山西省运城等地区种植。一般单产6750千克/公顷左右,高产地块可达7500千克/公顷。其适宜的产量结构是每公顷穗数645万穗,穗粒数35粒,千粒重38克。该品种原粮市场紧俏,现已形成优质优价的流通体制,同各大等级面粉厂建立了长期供货合同,开发前景广阔,是农业增产、农民增收的优良品种。2002年在河北、河南、山东等省推广种植16.9万公顷。

栽培技术要点 石家庄地区适宜播期为10月1~10日，播量每公顷105~135千克，播深3~4厘米，适当增施磷、钾、锌肥。其他地区种植时，可根据当地地力和种植习惯，比普通小麦每公顷降低7.5~15千克播量。沙壤地如墒情不佳，在出苗1个月后浇1次水，促分蘖生长。冬季适时浇封冻水。春季搞好蹲苗、化控促壮，重施起身拔节肥水。抽穗后及时防治蚜虫及其他各种病虫害。小麦成熟后应及时收获，躲避灾害天气，以免造成减产和使品质下降。

（撰稿人：韩然、张庆江）

（二）小山2134

品种来源 河北省张家口市坝下农业科学研究所和中国科学院遗传研究所合作，以粗厚山羊草（*Aegilops crassa* 6*x*）为细胞质供体，以普通小麦晋2148为核亲本，通过多代回交转育选育而成。1998年通过河北省农作物品种审定委员会审定。

特征特性 强春性，对光温反应迟钝，既可春播，又可夏播。春播生育期90天，夏播生育期85天，属中熟品种。幼苗直立，苗叶深绿，生长旺盛，分蘖力强，成穗率高。株高90~100厘米，株型紧凑，茎秆韧性强，抗倒伏。穗长方形，长芒，白壳，红粒，粒大饱满，千粒重春播的40克以上，夏播的45克左右。抗病性强，耐旱、耐瘠薄，后期灌浆快，落黄好。

产量表现与适种地区 在河北省张家口、承德两市9点次产量比较试验中，平均较对照品种增产24.2%，居首位。参加张家口市春小麦区域试验，2年平均折合产量3 628.5千克/公顷，较对照品种增产22.2%，在5个参试品种中居第一位。分别在坝上高原（春播）和坝下高寒丘陵旱地（夏播）两种不同生态区进行生产试验，产量变幅在2 137.5~7 380千克/公顷，平均折合产量4 570.5千克/公顷，较对照品种增产23.9%，居参试品系第一位。该品种适宜在张家口市坝上高原水地、二阴滩地春播和坝下高寒旱地夏播及国内相似类型区栽培，2002年在河北省种植0.5万公顷。

栽培技术要点 张家口市坝上地区春播在4月中下旬，夏播在5月18日左右，播量187.5～225千克/公顷，保证每公顷450万株基本苗较为合适。一般麦田每公顷施农家肥45 000千克以上、过磷酸钙750千克做底肥，或用150千克磷酸二铵做种肥。有条件的地块，在三叶一心时每公顷追施120～150千克氮肥，并在抽穗、灌浆等关键时期及时浇水。及时防治病虫害，蜡熟末期及时收割脱粒。坝下夏播区播期应视海拔、纬度灵活掌握，一般在5月中下旬至6月中旬，每公顷播量197.5～225千克。采用农家肥和氮、磷化肥一起做种肥，或采用磷酸二铵做种肥的"一炮轰"施肥技术。及时防治病虫害，蜡熟末期适时收获脱粒。

（撰稿人：奚玉银）

（三）石4185

品种来源 河北省石家庄市农科院利用太谷核不育材料，将多个优异亲本进行聚合杂交选育而成。于1997年通过河北省农作物品种审定委员会审定，1999年通过全国农作物品种审定委员会审定，2001年通过河南省农作物品种审定委员会审定。

特征特性 半冬性，中熟。幼苗半匍匐，生长健壮，分蘖力较强。株高75厘米左右，根系发达，抗倒伏性强。株型较紧凑，穗层整齐，外观清秀。穗纺锤形，穗长8厘米左右，长芒，白壳，白粒，半硬质，千粒重38克左右，容重790克/升以上。粗蛋白质含量为15.87%，湿面筋含量为37.1%，沉淀值36.53毫升，面包评分80.1分。抗寒、抗旱、耐盐碱。经河北省旱作所和原中国科学院石家庄农业现代化研究所多年试验，在不浇水、浇2次水和浇4次水的3个处理中，单产均较对照增产10%左右，抗旱和节水指数分别为1.12和1.15。高抗条锈病，耐叶锈病和白粉病，抗干热风和穗发芽。

产量表现与适种地区 参加河北省水地组区试,产量居第一位,最高折合单产 9 131.3 千克/公顷,平均单产较对照品种冀麦 36 增产 3%。在国家级区域试验中,最高折合单产 10 750.5 千克/公顷,较对照品种鲁麦 14 增产 6.2%,居第一位。曾创 0.7 万公顷单产 8 289 千克/公顷大面积高产纪录,其中高产地块达 9 000 千克/公顷以上。它适宜黄淮冬麦区北部、新疆南部及河北省黑龙港流域麦区肥旱地、半干旱地及中等以上水浇地种植。肥旱地一般单产 6 000 千克/公顷左右,水地种植一般单产 7 500 千克/公顷左右。2002 年在河北省种植 48.5 万公顷。

栽培技术要点 冀中南适宜播期为 10 月 1～10 日,每公顷基本苗高水肥地为 225 万～270 万株,中水肥地为 270 万～300 万株,肥旱地为 300 万～330 万株。播前进行种子包衣或药剂拌种。春季追肥以起身期追施为宜。抽穗后用杀虫剂和杀菌剂混合叶面喷施,防治麦蚜和各种病害。

(撰稿人:郭进考、史占良)

(四)石家庄 8 号

品种来源 河北省石家庄市农科院选育而成,亲本组合为石 91-5096/冀麦 38,原代号石 97-6365、石 98-7136。2001 年通过河北省农作物品种审定委员会审定,2002 年通过全国农作物品种审定委员会审定。

特征特性 半冬性,中熟。幼苗半匍匐,苗期生长稳健,分蘖力较强。株高 77 厘米左右,株型较松散,穗层整齐。穗纺锤形,短芒,白壳,白粒,硬质,千粒重 45 克左右,籽粒饱满且光泽好,容重 795 克/升,粗蛋白质含量 13.8%。经河北省旱作所连续 3 年鉴定,为一级抗旱品种,抗旱指数为 1.3,在不浇水、浇 2 次水和浇 4 次水的 3 个处理中,较对照品种石 4185 分别增产 10.9%、8.7%和

6.1%,产量均居各处理第一位。高抗条锈病、叶锈病和白粉病。叶片功能期长,抗干热风,落黄好。

产量表现与适种地区 参加河北省区试,最高折合单产 8 970 千克/公顷,较对照品种石 4185 增产 6%,居参试品种第一位。全国区试最高折合单产 9 083.9 千克/公顷。2000 年在河北省辛集市马兰农场水地试种 1.4 公顷,平均每公顷产量 9 177 千克。2001 年在该场肥旱地试种 0.23 公顷,生育期未浇 1 次水,平均每公顷产量 7 336.5 千克,较对照增产 10%。该品种适宜黄淮冬麦区北部、新疆南部、河北省中部及黑龙港流域麦区高、中、低肥的旱地、半旱地和水浇地种植。肥旱地一般单产 6 000 千克/公顷左右,水地一般单产 7 500 千克/公顷左右,最高单产可达 9 000 千克/公顷以上。

栽培技术要点 冀中南适宜播期 10 月 1～10 日,高水肥地每公顷基本苗 195 万～225 万株,中水肥地 225 万～270 万株/公顷,低水肥地 270 万～300 万株/公顷,肥旱地 300 万～330 万株/公顷。播前进行种子包衣或药剂拌种,防治地下害虫和黑穗病。春季追肥,以起身末期至拔节初期施用为宜。浇好拔节和抽穗、扬花两次关键水。

(撰稿人:郭进考、史占良)

(五)邯 4564

品种来源 河北省邯郸市农科院利用邯 88-6012 为母本、石 5144 为父本杂交选育而成。1998 年通过河北省农作物品种审定委员会审定,2001 年获河北省科技进步奖一等奖。目前,该品种已成为冀中南高水肥麦区的主栽品种,年播种面积 26.7 万公顷左右。

特征特性 半冬性,全生育期 245 天。幼苗匍匐,叶片细长,浓绿色,前期生长稳健,拔节后长势旺盛,分蘖力强,根系发达,株型松散,旗叶略披。株高75厘米,茎秆粗壮。穗层整齐,穗长方形,长芒,白壳,白粒,千粒重38克,粉质至半硬质。粗蛋白质含量13.7%,湿面筋含量31.2%,沉淀值25毫升,面团稳定时间2分钟。抗寒,抗倒伏,抗干热风,灌浆平稳,落黄好。抗病性强,高抗条锈病,中抗叶锈病、纹枯病和散黑穗病。

产量表现与适种地区 1996~1997年在冀中南高肥组区试中,平均折合单产7 309.5千克/公顷,其中1997年平均折合单产7 884千克/公顷。2000年省科委组织专家验收:邯郸县北寨张村66.7公顷,产量为7 965千克/公顷;磁县故城村0.4公顷产量为9 073.5千克/公顷。该品种适宜冀中南及黄淮冬麦区中等以上地力,特别适宜高肥水地力栽培,2002年在河北省种植28.6万公顷。

栽培技术要点 不宜晚播,适期播种,以每公顷225万株基本苗为宜,肥水管理应注意前重后轻,重施底肥,早施追肥,浇好拔节水、孕穗水和灌浆水。

(撰稿人:马永安、陈冬梅)

(六)邯4589

品种来源 河北省邯郸市农业科学院利用邯4032为母本、85中47为父本杂交选育而成。1998年通过河北省农作物品种审定委员会审定,2001年通过全国农作物品种审定委员会审定。

特征特性 半冬性,中早熟。幼苗半匍匐,根系发达,长势壮,分蘖力中等,成穗率高。株高75厘米,茎秆韧性好,抗倒伏。穗大粒多,穗纺锤形,长芒,白壳,白粒,硬质,千粒重42克以上。耐旱水平比对照品种晋麦47高30.8%,表现出较好的耐旱适应性和节水性。高抗条锈病,中感叶锈病,中抗白粉病。抗干热风,后期落黄好,活秸成熟。

产量表现与适种地区 1995~1997年参加河北省冀中南低水肥区试,3年产量均居第一,分别较对照品种冀麦31增产6.4%、

12.3%和13.0%,在23个试点中有22个点增产,其中15点单产位居第一,表现出极好的旱作丰产性。1999~2000年参加国家黄淮冬麦区旱地区试,平均产量4707千克/公顷,居第一位。多年试验、示范表明,在不浇水的旱地,邯4589与晋麦47产量持平;但在能浇1~2次水的中低产条件下,则较晋麦47显著增产,而且不倒伏,是一个抗旱节水型小麦新品种。1998年在邯郸县苗庄沙地示范种植1.3公顷,每公顷产量6030千克,较相邻地块冀麦31增产约2250千克/公顷。2000年在山西临汾小麦研究所示范种植0.3公顷,灌水2次,后期喷施庆田宝和磷酸二氢钾,单产7695千克/公顷。该品种适宜黄淮冬麦区北片中低产田栽培,2002年在河北省种植8.8万公顷。

栽培技术要点 适期播种,基本苗300万~330万株/公顷。浇好底墒水,保证起身拔节水,防治蚜虫,适时收获。

(撰稿人:马永安、陈冬梅)

(七)邯5316

品种来源 河北省邯郸市农业科学院利用(邯7808×CA8059)F_4代为母本、85中47为父本杂交选育而成。1999年通过河北省农作物品种审定委员会审定,2000年通过全国农作物品种审定委员会审定。2002年获河北省科技进步奖二等奖。

特征特性 半冬性,中早熟。幼苗半匍匐,苗期叶色深绿,根系发达,分蘖力中等,茎蘖整齐健壮,成穗率高。株高80厘米,叶片功能期长,灌浆快,落黄好。穗层整齐,穗大粒多,穗纺锤形,长芒,白壳,白粒,硬质,千粒重42克,容重748克/升,粗蛋白质含量14.48%,湿面筋含量37.8%,沉淀值32.5毫升。适应性强,综合抗性强,抗寒,节水,抗干热风。高抗纹枯病,中感条锈病、叶锈病、秆锈病和白粉病,但耐病性强。

产量表现与适种地区 1997年参加黄淮冬麦区区试,平均折合单产6 985.5千克/公顷,较鲁麦14增产3.6%,居第二位。1998年在黄淮冬麦区区试中,折合单产6 373.5千克/公顷,较鲁麦14增产1.1%,居第三位;同年,在河北省大区试验中,平均折合单产5 957.3千克/公顷,较冀麦36增产5.9%,居4个参试品种首位。1996年在黄淮冬麦区生产试验中,平均折合单产6 337.4千克/公顷,较鲁麦14增产9.7%,居第一位。在5个试点中,点点居第一位。1997~1999年,在参加新疆阿克苏地区区试中,连续3年均居第一,平均折合单产8 602.5千克/公顷,较对照品种冀麦30增产9.4%~22.9%。2001年河北省成安县原种场试种40公顷,单产7 338千克/公顷。该品种适宜冀中南、鲁西北、晋南、豫西北和新疆南疆地区的高、中、低水肥地块栽培,2002年在河北和新疆推广种植13.3万公顷。

栽培技术要点 为发挥其穗大、穗重的优点,群体不宜过大,适期播种的高产田每公顷基本苗225万~255万株,中产田基本苗270万~300万株为宜。施足底肥,主攻拔节肥水,确保壮秆大穗,浇好抽穗灌浆水,后期注意治蚜、防倒伏。

(撰稿人:马永安、陈冬梅)

(八)邯6172

品种来源 河北省邯郸市农业科学院利用邯4032为母本、中引一号为父本杂交选育而成。2001年通过河北省农作物品种审定委员会审定。2002年通过山东省、山西省和全国农作物品种审定委员会审定。

特征特性 半冬性,中熟,生育期240天。幼苗半匍匐,根系发达,苗期生长稳健,起身拔节后长势壮,分蘖力中等,成穗率高。株高75厘米,株型紧凑,旗叶上举,茎秆弹性好,抗倒伏性强。穗层整齐,穗纺锤形,长芒,白壳,白粒,硬质,千粒重42克,粗蛋白质含量13.84%,湿面筋含量30.4%,面团稳定时间3.4分钟。容重

819克/升。灌浆快,落黄好,抗旱节水性突出。高抗条锈病,中抗叶锈病、纹枯病和白粉病。

产量表现与适种地区 1998~2001年参加黄淮冬麦区北片高肥水地组区试,折合单产7 403.4千克/公顷,较对照品种鲁麦14增产9.1%。1999~2001年参加河北省高肥组区试,连续3年均居第一,3年平均折合单产7 348.5千克/公顷,较对照石4185增产4.3%;2000~2002年参加山东省区试,平均折合单产8 115千克/公顷,3年分别较鲁麦14增产10.3%、14.6%和6.9%,平均居第一位;2000~2002年参加山西省区试,折合单产6 589.5千克/公顷,较鲁麦14增产8.5%,居第二位。2002年参加黄淮冬麦区南片冬小麦水地组区试,平均折合单产7 056.2千克/公顷,较对照品种豫麦49增产8.1%。2002年在邯郸县苗庄村试种80公顷,单产8 296.5千克/公顷。该品种适宜在黄淮冬麦区高水肥地块栽培,2002年在河北、山东、山西、江苏等省推广种植21.8万公顷。

栽培技术要点 适期播种的,高肥地块基本苗195万~225万株/公顷,中高肥力地块为240万~270万株/公顷。注意施足底肥,加强起身拔节期肥水管理,浇好孕穗水和灌浆水,并及时防治蚜虫。

(撰稿人:马永安、陈冬梅)

(九)科农9204

品种来源 中国科学院遗传与发育生物学研究所以石6021为母本、SA 502(八倍体小偃麦×普通小麦杂交后代)为父本杂交选育而成。2002年9月通过河北省农作物品种审定委员会审定。

特征特性 半冬性。叶色淡绿,叶片上冲,株型紧凑,长相清秀,分蘖力中等,成穗率高,穗层整齐。株高75厘米,茎秆粗壮,基部节间短而坚硬,弹性好,抗倒伏性强。穗长方形,长芒,白壳,白粒,籽粒卵圆形,腹沟浅,饱满度好,硬质,千粒重40克,容重785

克/升,粗蛋白质含量15.3%,湿面筋含量44.4%。综合抗病性好,抗条锈病、纹枯病和叶枯病,轻感叶锈病和白粉病,但基本上不影响小麦的正常灌浆和干物质积累。抗干热风,耐阴雨,落黄好。节水耐旱,氮肥利用率高。

产量表现与适种地区 2000~2001年参加河北省小麦区域试验,平均折合单产7056千克/公顷;在生产试验中,平均折合单产6985.5千克/公顷。2002年参加国家黄淮冬麦区北片水地组小麦区域试验,平均折合单产7303.5千克/公顷,比对照品种石4185增产4.7%,在12个参试品种中产量位居第一。经多种稳产性测试分析,静态稳定性、动态稳定性、广适性及普遍适应性均为优良。该品种适合在黄淮冬麦区的河北、山东、山西、河南以及新疆等省、自治区中高水肥地种植。

栽培技术要点 适宜播种期为10月1~15日,适宜播种量每公顷为120~150千克。起身至拔节期管理以促为主,扬花灌浆期注意灌水,抽穗后及时防治白粉病、叶锈病和蚜虫。

(撰稿人:李俊明、钟冠昌)

(十)高优503

品种来源 原中国科学院石家庄市农业现代化研究所利用八倍体小偃麦,通过染色体工程与常规育种技术相结合选育而成,杂交组合为78506×早优504。1997年、1998年、2001年分别通过陕西省、河北省和全国农作物品种审定委员会审定。2001年获中国科学院科技进步奖一等奖。

特征特性 半冬性,苗壮,分蘖力强。株高80~85厘米,叶片上挺,茎秆弹性好,基部节间短,根系发达,抗倒伏性好。穗纺锤形,长芒,白粒,硬质,千粒重35~38克,容重810克/升。粗蛋白质含量15.4%~16.5%,湿面筋含量34%~38.8%,沉淀值46.4~53.2毫升,粉质仪吸水率58.5%~60.2%,面团稳定时间11.6~14

分钟。高抗条锈病和叶枯病,中抗白粉病和赤霉病,抗干热风,耐阴雨,成熟黄亮。

产量表现与适种地区 1996～1997年参加陕西省小麦区域试验,平均折合单产6 118.5千克/公顷,最高折合单产7 693.5千克/公顷。1997年参加河北省优质小麦区域试验,平均折合单产6 697.5千克/公顷,最高折合单产8 496千克/公顷,与对照品种冀麦36持平,产量居6个参试品种之首。该品种适宜在陕西省关中、河北省中南部和河南省北部冬麦区中上等水肥地栽培,2002年在河南、陕西、河北等省推广种植15.1万公顷。

栽培技术要点 适宜播种期10月1～10日,播种量每公顷112.5千克左右。在施足底肥的情况下,注重拔节期追肥、灌水。

(撰稿人:李俊明、钟冠昌)

(十一)冀麦38

品种来源 由河北省石家庄市农业科学研究院选育而成,亲本组合为植4001/石4212-10。1996年通过河北省农作物品种审定委员会审定,1998年通过全国农作物品种审定委员会审定,同年获河北省科技进步奖一等奖。1999年获国家科技进步奖二等奖,2000年获科技兴冀省长特别奖。

特征特性 半冬性,中早熟。分蘖力较强,成穗率高,穗层整齐。株高75厘米左右。穗纺锤形,长芒,白壳,白粒,籽粒饱满,光泽好,半硬质,千粒重40克左右,容重795克/升,粗蛋白质含量13.9%。经河北省旱作所多年试验,其抗旱指数和节水指数分别为1.12和1.24,在不浇水和浇2次水处理中,分别较对照增产8%和8.4%。抗旱,抗倒伏,抗条锈病,耐叶锈病和白粉病,抗干热风,落黄好。

产量表现与适种地区 参加河北省及国家区试,产量连年居第一位,最高折合单产9 181.8千克/公顷,较鲁麦14增产6.5%。

1997年在河北省行唐县东南街村种植133.3公顷，平均每公顷产量7500千克，较常年增产20%。其中张季方的0.25公顷，创9470.1千克/公顷河北省单产历史最高纪录。该品种适宜黄淮冬麦区北部、新疆南部及河北省黑龙港流域麦区旱地、半干旱地和水浇地栽培，2002年在河北省种植1.6万公顷。

栽培技术要点 冀中南适宜播期10月1～10日。高水肥地基本苗225万～270万株/公顷，中水肥地270万～300万株/公顷，低水肥地300万～330万株/公顷，旱地和晚播麦田应适当加大播量。播前对种子进行包衣或药剂拌种，以防治地下害虫和黑穗病。春季追肥以在起身末期为宜。

（撰稿人：郭进考、史占良）

三、河 南 省

（一）中育6号

品种来源 1990年，中国农业科学院棉花研究所以中育3号为母本、鲁麦14为父本杂交，采用改良系谱法经多代选择，于1995年选育而成。2000年9月通过河南省农作物品种审定委员会审定，2001年8月通过全国农作物品种审定委员会审定。

特征特性 半冬性，中早熟，成熟期与豫麦21相近。幼苗匍匐，生长健壮，叶片较窄，叶色深绿，成株株型清秀。株高75～80厘米，根系发达。穗长方形，长芒，白壳，白粒，籽粒椭圆形，半角质。籽粒容重812克/升，粗蛋白质含量13.51%，湿面筋含量27.5%，沉淀值29.9毫升，面筋强度中等。高抗条锈病，中抗叶锈病，苗期纹枯病、根腐病轻，轻感赤霉病，白粉病正常年份轻。

产量表现与适种地区 1997～1998年参加河南省北中部高肥冬水组区试，连年稳定增产，比对照品种豫麦21平均增产6.6%。

1999年参加河南省高肥冬水组生产试验,较豫麦21增产6.9%。1998~1999年参加黄淮冬麦区北片生产试验,平均折合单产6874.5千克/公顷,比对照品种鲁麦14增产5.4%。2000年参加黄淮冬麦区北片生产试验,平均折合单产7143千克/公顷,比鲁麦14增产3.6%。该品种适于黄淮冬麦区中北部的河南省北部、河北省南部、山西省东南部、山东省西北部高肥水条件下种植。

栽培技术要点 适时播种,合理密植,播种期以10月5~15日为宜,每公顷基本苗150万~180万株。灌好越冬水,保证安全越冬。返青、拔节期追肥。孕穗期、扬花后及灌浆期若遇天旱还需灌水。抽穗前后,要注意麦蚜的发生,在白粉病、叶锈病严重发生年份,可喷粉锈宁防治。

(撰稿人:杨兆生)

(二)郑麦9023

品种来源 由河南省农业科学院小麦研究所与西北农林科技大学合作育成。杂交组合为小偃6号/西农65/83(2)3-3184(14)4313/陕213,2001年和2002年分别通过河南省、湖北省、安徽省和江苏省农作物品种审定委员会审定,2003年通过国家农作物品种审定委员会审定。

特征特性 弱春性、早熟品种。幼苗微直立,株高82厘米左右,株型紧凑直立,穗层整齐。穗纺锤形,长芒,白壳,白粒,硬质,千粒重42克以上。粗蛋白质含量14.39%~15.39%,湿面筋含量32.1%~35.6%,沉降值51.2~54.4毫升,面团形成时间10.5~14.0分钟,稳定时间22.5~29.0分钟。抗条锈病、叶锈病、赤霉病、梭条花叶病,感白粉病。

产量表现与适种地区 1999~2003年参加河南、湖北、安徽,江苏四省区试及黄淮麦区南片、长江中下游麦区两个国家级区试,平均折合单产6526.5千克/公顷,比对照品种平均增产5.4%。至至今累计种植面积 385.8 万公顷。适宜在黄淮冬麦区南片和长江中下游麦区种植。

栽培技术要点 适时晚播，一般每公顷播量为 105～135 千克。保证氮肥施用量，春季返青拔节期应每公顷追施尿素 112.5～150 千克。应在 4 月上旬施用多菌灵防治白粉病（不可施用粉锈灵，其对品质有负面效应）。其他栽培措施同常规农事操作。

（撰稿人：许为钢）

（三）豫麦 34

品种来源 郑州市农林科学研究所选育而成。其杂交组合为矮孟牛/豫麦 2 号。1994 年通过河南省农作物品种审定委员会审定，1998 年通过全国农作物品种审定委员会审定。

特征特性 弱春性。幼苗直立，根系较发达，冬前生长较缓慢。株高 80 厘米左右，株型较紧凑，叶色淡绿，茎、叶、穗均有蜡质，穗层整齐。穗纺锤形，长芒，白壳，白粒，角质，粒长椭圆形，千粒重 45～50 克。粗蛋白质含量 15.41%，湿面筋含量 32.1%，沉淀值 55.5 毫升，粉质仪吸水率 62.6%，面团形成时间 2.1 分钟，稳定时间 10.03 分钟，面包评分 82.8 分。抗小麦白粉病、锈病、纹枯病，耐旱、耐湿、耐肥，抗倒伏和抗干热风。

产量表现与适种地区 1997～1998 年参加黄淮冬麦区国家级区试，1997 年折合单产 7 530 千克/公顷，比对照品种豫麦 18 增产 3%；1998 年折合单产 7 497 千克/公顷，比豫麦 18 增产 5.2%，差异显著；在同年的生产试验中比豫麦 18 增产 7%。2000 年在河南省太康县试种 0.27 公顷，单产 10 530 千克/公顷。该品种适于北纬 32°～38°，东经 91°～120°区域范围内种植，但最适于黄淮冬麦区高水肥地块栽培，2002 年在河南、江苏、安徽等省推广种植 55.3 万公顷。

栽培技术要点 底肥要施足施全，拔节期追施速效肥，抽穗后根外追肥。适期适量播种。一般日平均温度 14℃~13℃时播种，播量为 90~120 千克/公顷。浇足拔节水和灌浆水。及时防治蚜虫，蜡熟后期适时收获。

（撰稿人：雷体文）

（四）豫麦 35

品种来源 1987 年，河南省内乡县农业科学研究所配置了绵阳 84-27/内乡 82C6//豫麦 17 复交组合，采取就地加代、定向选择、派生系谱法处理，于 1990 年选育而成，原名内乡 184。1995 年通过河南省农作物品种审定委员会审定。

特征特性 弱春性，早熟。幼苗叶色青绿，大小适中，植株长势繁茂。分蘖力强，成穗率高，穗层整齐、均匀。株高 75 厘米，茎秆粗壮坚韧，根系发达，抗倒伏力强。穗长方形，长芒，白壳，白粒，角质，千粒重 40 克左右，容重 782.2 克/升。粗蛋白质含量 16.36%，赖氨酸含量 0.423%，湿面筋含量 32.3%，面包评分 85 分。耐白粉病，高抗条锈病和土传花叶病。灌浆活顺，落黄正常。

产量表现与适种地区 1992~1995 年参加 6 组共 20 个点次 45 个品种次的河南省南片小麦良种联合区域试验和生产试验，平均折合单产 6 806.3 千克/公顷，平均增产 10%。在豫北晚茬麦田和豫南中早茬麦田，单产 6 000 千克/公顷左右，高产麦田达 7 500 千克/公顷以上。1996 年出现了一批 666.7 公顷单产超 6 000 千克/公顷、66.7 公顷单产超 6 750 千克/公顷、6.7 公顷单产超 7 500 千克/公顷的高产典型。南阳市金华乡 0.64 公顷高产田单产达 8 970 千克/公顷。豫北麦区平均单产 6 000 千克/公顷左右，较豫麦 18 增产 15%以上；豫东麦区单产 6 750 千克/公顷左右。该品种适合高肥水地种植，豫南、皖南、苏、鄂可作为中早茬利用，豫北、皖北、冀南、鲁南、晋南可作为中晚茬利用。2002 年在河南省种植 1 万公顷。

栽培技术要点 10月10~25日播种,每公顷下种75~150千克。重施有机肥料,氮、磷、钾、锌等配合。生育中后期注意土壤墒情,保证高产需水。小麦齐穗至灌浆期,叶面喷施粉锈宁等,可有效地促进籽粒灌浆,提高粒重。

(撰稿人:曹明贞、袁华京)

(五)豫麦41

品种来源 河南省温县农业科学研究所从豫麦25大田变异单株中系选而得,原名温麦4号。1996年9月和1998年1月,分别通过河南省和全国农作物品种审定委员会审定。

特征特性 半冬性偏春类型,成熟期较豫麦25早4天。幼苗健壮,大分蘖多,起身快,株型紧凑,成穗率高(50%左右)。株高80~83厘米,秆粗壁厚有弹性,较抗倒伏。穗长方形,长芒,白壳,白粒。容重806克/升,粗蛋白质含量14.82%,赖氨酸含量0.42%,湿面筋含量36.1%,干面筋含量11.4%,沉淀值61毫升,出粉率58%。中抗白粉病和叶锈病,感纹枯病,耐赤霉病,抗干热风,灌浆快,落黄好。

产量表现与适种地区 1994~1996年参加河南省高肥组区试,29点次平均较对照增产5.1%,达显著水平;参加黄淮冬麦区南片区试,29点次平均较对照增产3.8%,其中1996年平均折合单产7935千克/公顷,较对照增产7.9%,达显著水平,居首位;参加省生产示范试验,平均折合单产7783.5千克/公顷,较对照增产7.8%,最高单产达9807.8千克/公顷。该品种适宜在河南、河北、山东等省及苏北、皖北等黄淮冬麦区栽培,2002年在河南、河北等省种植12.3万公顷。

栽培技术要点 ①整地要犁深耙细,施足底肥。以生产7500千克/公顷小麦计算施肥量,氮、五氧化二磷、氧化钾的比例为2.7:1:3,底肥以占施肥总量的50%为宜。②播前5天晒种子,并用粉锈宁拌种,每公顷播种量75千克左右,基本苗以180万株/公顷为宜。足墒下种,10月8~15日播种。③采用促—控—促的管理方式,即冬前促,在施足底肥、足墒下种的情况下,12月中旬浇越冬水,并根据苗情追肥,达到壮苗越冬;翌春以控为主,不浇返青水,拔节水放在两极分化结束、旗叶露头时再浇,并结合浇水追施肥料;5月上中旬浇好灌浆水,确保籽多粒饱。④3月中旬喷施粉锈宁防治纹枯病,4月底至5月初即扬花期,注意防治蚜虫、赤霉病、白粉病、锈病。

(撰稿人:王乾琚)

(六)豫麦47

品种来源 河南省农业科学院小麦研究所于1988年引进新乡地区农科所的宝丰7228×百泉3199F_1种子,经多年连续单株选育而成。1997年10月通过河南省农作物品种审定委员会审定。目前已成为河南省优质麦的主导品种。

特征特性 半冬性,中早熟。熟期与豫麦18相近。幼苗半直立,苗期长相清秀,起身拔节快,中后期株型紧凑,旗叶短而上举。株高75厘米,抗倒伏。穗纺锤形,长芒,白壳,白粒,角质,千粒重40克左右。粗蛋白质含量13.96%~15.68%,湿面筋含量35.9%~42.8%,沉淀值39毫升,粉质仪吸水率62.3%~62.4%,面团形成时间5~7.5分钟,稳定时间9.8~13分钟,100克面粉的面包体积800厘米^3,面包评分87.1分。中抗条锈病、叶锈病和纹枯病,中感白粉病和叶枯病,综合抗病性较好。成熟时落黄好,耐穗发芽。

产量表现与适种地区 1993~1994年参加河南省中肥冬水组区试,平均折合单产4 545千克/公顷,较对照品种西安8号增产4.5%,居第三位。1995~1996年参加河南省超高产春水组区试,1995年平均折合单产7 708.5千克/公顷,与对照品种豫麦18基本持平(减产1%),居第三位;1996年平均折合单产8 025千克/公顷,较豫麦18增产0.4%,居第四位;同年,参加河南省晚播早熟组北片生产试验,平均折合单产6 396千克/公顷,比豫麦18减产2.4%,居第三位。1999年在武陟县试种23.3公顷,实产突破8 250千克/公顷。2001年在焦作市示范区试种666.7公顷,经省内外知名专家验收,平均单产7 525.5千克/公顷。该品种适于黄淮冬麦区单产6 000～7 500千克/公顷肥力地块种植,肥力水平较高的两合土和粘土地更佳。2002年在河南省种植22.8万公顷。

栽培技术要点 最佳播期在10月15日前后,播量每公顷112.5千克左右,高水肥地可适当减少,晚播则应增大播量。施肥以底肥为主,重施氮肥,氮、磷、钾配合。追肥应掌握氮肥后移原则,一般可在3月中下旬追施尿素75～112.5千克/公顷,扬花后5～10天结合防治病虫害每公顷喷施300毫升丰优素,并可在籽粒灌浆初期喷施磷酸二氢钾及速效氮肥。灌浆期注意防治蚜虫。

(撰稿人:吴政卿、雷振生)

(七)豫麦49

品种来源 河南省温县祥云镇农技站从温2540(934A×豫麦2号)优系88-20中选育而成,原名温麦6号。1998年9月经河南省农作物品种审定委员会审定。

特征特性 半冬性。幼苗健壮,分蘖力强,成穗率高,穗层整齐,综合性状好。株高80厘米,茎秆基部节间短,秆壁厚,高抗倒伏。穗长方形,长芒,白壳,白粒。粗蛋白质含量16.19%,湿面筋含量33.5%,100克面粉的面包体积760厘米^3。在冬春降水多、高温、高湿时易感纹枯病,但耐病性强,对产量影响小。

产量表现与适种地区 两年品系鉴定分别比豫麦25增产13.7%、11.3%,居12个参试品系首位。1996～1997年参加河南省超高产品试,平均折合单产8 587.5千克/公顷,较对照品种豫麦

21增产9.1%,连续两年居第一位。1997~1998年参加河南省高肥组生产示范试验,平均折合单产6816千克/公顷,比豫麦21增产11%。该品种适宜在河南省及黄淮流域麦区栽培,2002年在河南、河北、江苏、安徽等省推广种植60.9万公顷。

栽培技术要点 豫麦49超千斤的产量结构模式为:667 米^{2}穗数45万左右,穗粒数35粒左右,千粒重43克左右。

(1)播前准备

①土壤药剂处理 每公顷用5%辛硫磷2250毫升,拌细土375千克撒于地表。

②施底肥 除秸秆还田外,每公顷施有机肥45000千克,过磷酸钙750千克,碳铵750千克或尿素225~270千克,钾肥120~150千克,结合深耕一次施入,施肥深度应达到25~30厘米。

③种子处理 用15克粉锈宁、50毫升辛硫磷,对水3~4升,拌匀50千克麦种,可防治纹枯病、叶枯病、白粉病和锈病。

④足墒下种 耕地后及时打畦塌墒,保证足墒下种,一播全苗。

(2)播种 采取28厘米×16厘米宽窄行种植模式,充分发挥边行优势。该品种播期弹性大,10月8日左右为最佳播期,每公顷播量为60~105千克;10月13日后播种,每晚播2天每公顷增加7.5千克种子。11月中旬以前均可种植,中高产田要适当增加播量。各地要因地、因时、因墒、因土质灵活掌握播量。为提高播种质量,要求机播、精播、匀播,播深3厘米,以保证苗齐、苗匀、苗壮。基本苗为135万~195万株/公顷。

(3)田间管理 足墒下种的麦田,冬至前后每公顷总茎数900万以上的不浇冬水,一般在两极分化中后期根据苗情追肥并及时浇水,每公顷追施尿素90~225千克,5月上旬浇好灌浆水。扬花后,叶面喷施1~2次磷酸二氢钾或其他活性液肥、生长调节剂等,可起到抗干热风、增加千粒重的作用。

(4)防治病虫害　纹枯病防治应在12月底和返青至拔节期，每公顷用5%井冈霉素2250毫升，多菌灵1500毫升，对水750升，喷洒基部。在扬花初期和后期注意，防治蚜虫和赤霉病、白粉病、锈病等。

（撰稿人：吕平安）

（八）豫麦66

品种来源　1984年河南省豫东农作物品种展览中心与中国科学院遗传所选用了国际玉米小麦改良中心的六倍体小黑麦MZAleond Beer为母本与普通小麦宝丰7228杂交，在F_3代对优良的小黑麦类型进行花药培养，从中选育出84(184)1优良六倍体小黑麦类型。以此为母本与矮秆、大穗、多花、多粒、叶片上举的90选杂交，对其杂种后代中分离出的普通小麦类型进行花药培养和农艺性状选择，于1996年选育出兰考906-4。经细胞遗传学鉴定，此品系为重组的1BL/1RS易位系。2000年9月通过河南省农作物品种审定委员会审定，2002年12月通过全国农作物品种审定委员会审定。

特征特性　半冬性，中熟。幼苗浓绿，叶片短小，半匍匐。分蘖力中等，成穗率低，以主茎成穗为主。株高80~85厘米，株型紧凑，直立挺拔，长相清秀，茎秆粗壮，抗倒伏。穗下节长，下部1~3节较短，茎壁厚，韧性好，茎秆和叶鞘着生蜡质。旗叶叶片宽、短、厚，色深，上举，主脉明显突起。倒2~4片叶角度逐渐加大，整株叶呈塔状。穗长方形，有芒，白壳，白粒，籽粒长圆，角质，腹沟浅，千粒重42克。容重814克/升，粗蛋白质含量16%左右，湿面筋含量33.5%~41.2%，干面筋含量11%~15.1%，沉淀值33.8~42.5毫升，出粉率79.8%，粉质仪吸水率64.2%左右，面团形成时间5~8分钟，稳定时间7~11分钟，100克面粉的面包体积700~875厘米^3，面包评分75~88.4分。高抗白粉病，对条锈病和叶锈病表现高抗至免疫，对叶枯病、纹枯病表现为中抗。在目前高产栽培条件下，对现有小麦病害基本不用防治。耐旱、耐渍、耐盐碱性好，抗干热风，落黄好，活秆成熟，抗穗发芽。耐氮能力强，高氮条件下不贪青。收获过晚易断穗。

产量表现与适种地区　1998年参加河南省冬水组超高产小麦良种联合区试，平均折合单产6 742.5千克/公顷，较对照品种豫麦21增产0.2%，居第六位。1999年参加河南省冬水组超高产区试，平均折合单产7 633.5千克/公顷，较豫麦21增产1.9%，仍居第六位。2000年参加河南省高肥冬水组生产试验，平均折合单产7 020千克/公顷，比豫麦21增产7.9%，居第二位。2000年参加湖北省A组小麦品种区试，平均折合单产6 384千克/公顷，较对照品种鄂恩1号增产12.7%，达极显著水平，居第三位。1999年豫东农展中心0.7公顷高产田，经河南省科委组织专家实打验收，平均单产9 486千克/公顷。2000年在山东省清河农业部原种场试种1.3公顷，单产9 130.5千克/公顷；在山东省郓城县大人乡试种0.6公顷，单产9 610.2千克/公顷；在河南省南乐县六村镇试种1.3公顷，单产9 583.5千克/公顷；在河南省开封市郊区水稻乡农技站试种1.8公顷，单产9 769.5千克/公顷。该品种广泛适于黄淮冬麦区南、北部和鄂西北麦区高水肥地的早、中、晚茬栽培，2002年在河南、山东等省种植3.9万公顷。

栽培技术要点　①将总施氮肥量的30%～40%做底肥，农家肥、磷、钾肥全部做底肥，总施氮肥量的60%～70%在返青至拔节时结合浇水追施。②播种期：河北省南部、河南省北部为10月7～10日，河南省中部为10月15～20日，河南省南部、江苏省北部和安徽省北部可播至10月底。基本苗：早茬田300万～375万株，中茬田450万株，高产攻关田525万株。行距10～15厘米或20厘米重播，保证一次全苗。③冬前群体不要过大，墒情差时，浇好越冬水。④单产7 500～9 000千克/公顷的麦田，返青时要早追肥、早浇水、促早发，使其多成穗，成大穗，一般不要采用化控，以免造成群体不足。超高产攻关田可在拔节初期追肥。一般春季施肥量为450千克/公顷左右的尿素或复合肥，施肥要结合浇水。如果冬季苗量过大，气温高，早春要及早防治纹枯病。⑤后期管理，一般年份不用对条锈病、叶锈病和白粉病进行防治，4月底和5月底要防治蚜虫1~2次，或喷施微量元素。⑥适时收获。由于豫麦66是活秆成熟，容易误认为晚熟，切不可等茎秆变干时再收，过熟易断穗和降低品质。

（撰稿人：贾旭）

（九）豫麦70

品种来源 河南省内乡县农业科学研究所于1995年从复交组合绵阳84-27/内乡82C 6//豫麦17中选育而成，原代号内乡188。2000年9月通过河南省农作物品种审定委员会审定。

特征特性 半冬性，中熟，全生育期215天。株高80厘米左右。穗长方形，长芒，白壳，白粒，角质，千粒重42克，容重803克/升，粗蛋白质含量14.56%，赖氨酸含量0.4%，湿面筋含量30.4%，沉淀值35.2毫升。高抗土传花叶病，中抗条锈病、纹枯病和叶枯病，中感叶锈病和白粉病。

产量表现与适种地区 1997年在本所组织的36个品种产量试验中，名列第一，平均折合单产8 404.5千克/公顷，比豫麦18增产23.1%，比豫麦35增产17.2%；在本所展示田单产达9 225千克/公顷。1998~2000年，参加河南省超高产区试，折合单产6 744~8 505千克/公顷，比对照品种增产显著。2001年参加国家黄淮冬麦区南片区试，平均折合单产8 022千克/公顷，比对照品种增产3.9%，居11个参试品种的第四位。该品种适宜在黄淮冬麦区南片单产6 750~9 000千克/公顷的高水肥地种植，中等旱肥地亦可栽培，2002年在河南、安徽、江苏等省推广种植61.8万公顷。

栽培技术要点 适播期为10月10~25日，播量75~120千克/公顷。重施农家肥，一般底肥每公顷施农家肥75 000千克左右，碳铵、磷肥各750~900千克/公顷，钾肥225千克/公顷左右；拔节期追施尿素150千克/公顷。抽穗期和灌浆期各喷施1次粉锈宁。

（撰稿人：曹明贞、袁华京）

四、山东省

（一）山农优麦2号

品种来源 山东农业大学小麦品质育种研究室采用田间系谱法与室内抗旱生理鉴定方法选育而成，其组合是PH 85-115-2//79401/鲁麦11，原代号PH 920691。2000年4月通过山东省农作物品种审定委员会审定。

特征特性 冬性。幼苗直立，分蘖成穗率高。株高85厘米左右，茎秆弹性好，抗倒伏。穗长方形，长芒，白壳，白粒，饱满度好，硬质，千粒重46克左右。籽粒容重810克/升左右，粗蛋白质含量15.11%，湿面筋含量38.8%，沉淀值50.2毫升，粉质仪吸水率61.74%，面团形成时间4.5分钟，稳定时间6.4分钟，100克面粉的面包体积730厘米^3，面条加工试验评分90.5分。抗青干和叶枯病，抗条锈病、白粉病和赤霉病。

产量表现与适种地区 1997年参加山东省旱地区试，平均折合单产6 000千克/公顷，比对照品种鲁麦19增产7.2%，居第二位；1998年在山东省旱地区试中，平均折合单产5 673.0千克/公顷，比鲁麦19增产25.2%，居第一位；两年平均比鲁麦19增产16.8%，居第一位。1999年参加山东省旱地生产试验，平均折合单产6 199.5千克/公顷,比对照品种鲁麦21增产1.4%,居第二位。2000年山东省纹阳镇田东史村种植33.3公顷,平均单产7 402.5千克/公顷,其中0.3公顷水浇地,单产8 781千克/公顷;同年,在宁阳合山乡旱地种植6.3公顷,平均单产5 970千克/公顷。山农优麦2号可作为旱地和水地旱作两用品种栽培,适宜山东、河南、河北、安徽等省大部分干旱、半干旱土质较好的地块或水浇地旱作栽培,2002年在山东省种植5.3万公顷。

栽培技术要点 ①施足底肥。一般施土杂肥45 000千克/公顷,过磷酸钙750～1 050千克/公顷,尿素150千克/公顷。②耕前造墒或抢墒耕耙,尽量深耕,以贮水抗旱,并细耙整平和精细播种,保证一播全苗。③旱地适期播种,每公顷播量120～135千克;水地旱作适期播种,每公顷播量60～75千克/公顷。④出苗后及时划锄,查苗补苗。翌年春划锄1～2遍,以保墒增温,促根壮蘖。⑤水地旱作田块,在拔节前后结合浇水追施尿素225千克/公顷,旱地开沟追肥225千克/公顷。抽穗前后补施尿素75千克/公顷。⑥抽穗后及时防治蚜虫,收获前去杂保纯。

(撰稿人:田纪春、王延训)

(二)山农优麦3号

品种来源 山东农业大学小麦品质育种研究室以79401为母本、鲁麦1号为父本杂交,采用系谱法选育而成,原代号PY 85-1-1。2001年9月通过山东省农作物品种审定委员会审定。2003年获国家新品种保护。

特征特性 冬性,中早熟。幼苗半直立,分蘖力强,成穗率高,株型较松散。株高80厘米左右,茎秆弹性好,抗倒伏。穗长方形,长芒,白粒,千粒重55克左右。容重780克/升,粗蛋白质含量15.46%左右,湿面筋含量30.2%～34.9%,沉淀值32.1毫升,面团稳定时间3分钟,面粉的自然白度79.9～84,馒头评分85～93.6

分。抗条锈病和赤霉病，耐盐碱、耐旱，抗干热风，成熟落黄好。

产量表现与适种地区 1996年参加山东农业大学小麦联合试验，折合单产6 755.3千克/公顷，居23个供试品种(系)第一位；同年，在河南省郑州市农科所优质小麦试验中，折合单产7 810.5千克/公顷，居15个试验品种(系)第三位。1998～1999年参加山东省晚播早熟试验，比对照品种平均增产4.3%。2000年在山东省肥城良种场种植2公顷，单产7 359千克/公顷。2001年在山东省东平县水浇地种植13.3公顷，平均单产7 339.5千克/公顷。该品种产量结构好，适应性强，适宜江苏、河南、河北等省生态与山东省相似的地区种植，可晚茬种植，2002年在山东省种植8.4万公顷。

栽培技术要点 适期播种时播量75千克/公顷，晚茬播种时播量105～120千克/公顷。播种前浇好底墒水，施足底肥。春季管理可适当放晚，肥水推迟至拔节初期。结合浇水，追施尿素225千克/公顷。抽穗开花期结合浇水，补施尿素45～60千克/公顷，以争取粒多粒饱。其他管理同一般高产田。

（撰稿人：田纪春、王延训）

（三）济南16

品种来源 山东省农业科学院作物研究所利用太谷核不育系(Tai选株/775-1)选育而成，原代号54368。1998年通过山东省农作物品种审定委员会审定。

特征特性 半冬性，中晚熟。幼苗半匍匐，分蘖力强，拔节期株型优良，成穗率高。株高80厘米左右，茎秆强韧抗倒伏。根系活力强，绿叶功能持续期较长，耐热性较好，落黄也好。穗长方形，长芒，白壳，白粒，粉质，千粒重40克左右。中感条锈病、叶锈病和白粉病，大田表现高抗叶枯病。

产量表现与适种地区 1996～1997年在山东省小麦高肥组区

试中,平均折合单产 8 343 千克/公顷,较对照品种鲁麦 14 增产 7.8%,居参试品种首位。1994 年邹平县冯家村种植 66.7 公顷,平均单产 7 836 千克/公顷。该品种适宜在黄淮冬麦区推广种植。2002 年在山东省种植 9.8 万公顷。

栽培技术要点 适当晚播,以防冬前旺长造成冻害。进行冬灌。春季划锄,促大蘖、控小蘖。严控返青水肥,注重拔节期肥水管理。注意防治蚜虫和白粉病、纹枯病等病虫害。

(撰稿人:赵振东、刘建军)

(四)济南 17

品种来源 山东省农业科学院作物研究所配置杂交组合临汾 5064/鲁麦 13,采用系谱法选育而成,原代号为 924142。1999 年 4 月通过山东省农作物品种审定委员会审定。

特征特性 冬性,中早熟,全生育期 243 天左右。幼苗半匍匐,苗色浓绿,茎、叶、穗有蜡质,分蘖力较强,成穗率高。旗叶短而挺直,茎叶夹角小。株高 75 厘米左右,抗倒伏。穗纺锤形,顶芒,白壳,护颖长方,方肩,脊明显,颖尖鸟嘴形。白粒,长圆形,角质,千粒重 40 克左右。粗蛋白质含量 14%左右,湿面筋含量33.5%～39.7%,沉淀值 39.8～65.3 毫升,面团稳定时间 6～28 分钟,100 克面粉的面包体积 750～950 厘米^3。含高分子量麦谷蛋白亚基 1,7+8,4+12。中感叶锈病、条锈病和白粉病。

产量表现与适种地区 在山东省小麦高肥组区试中,平均折合单产 7 543.5 千克/公顷,较对照品种增产 4.5%。生产试验平均折合单产 7 069.5 千克/公顷,增产 5.8%,居参试品种首位。该品种具有 9 000 千克/公顷以上的高产潜力。由专家实打验收 1.7 公顷、10.7 公顷和 2.2 公顷高产田,平均单产分别为 9 082.5 千克/公顷、9 552 千克/公顷和 9 420 千克/公顷。它适宜在山东省及黄淮冬麦区棕壤褐土、砂姜黑土和土质较粘重的潮土地区并有灌溉条件的中高肥力地块栽培，2002年在山东、江苏、安徽、河南、河北、山西等省推广种植33.3万公顷。

栽培技术要点 增施底肥，深耕细作，足墒、适时（山东省10月上旬）、适量（90～120千克/公顷）播种，基本苗180万株/公顷。冬前群体900万～1 200万株/公顷，壮苗越冬。春季水肥宜推至拔节期，施尿素150～225千克/公顷做拔节肥，须浇灌浆水，及时防治蚜虫和白粉病。

（撰稿人：赵振东、刘建军）

（五）济麦19

品种来源 山东省农业科学院作物研究所配置杂交组合鲁麦13/临汾5064，并以系谱法选育而成，原代号935031。2001年通过山东省农作物品种审定委员会审定，2002年通过全国农作物品种审定委员会审定。山东省2002年种植面积为63.1万公顷。

特征特性 冬性，中熟，全生育期245天左右。幼苗半匍匐，叶色浓绿，苗期生长稳健，分蘖能力中等，大茎蘖长势强，成穗率高，主茎分蘖成穗分层交错。茎、叶、穗轻被蜡粉。旗叶较宽挺直，冠层结构优良，谷草比高，旗叶功能期长，抗衰老能力较强，落黄好。株高78厘米左右，抗倒伏能力较强。穗长方形，长芒，白壳，护颖椭圆形，丘肩，颖尖尖锐型，脊明显。白粒，椭圆形，饱满，角质，千粒重45克左右。粗蛋白质含量13.8%～14.65%，湿面筋含量31.2%～35.5%，沉淀值36.5～38.6毫升，面团稳定时间6～16.2分钟。面条品质优良，色白而亮，韧性和适口性好，评分86.3～93.5分。高分子量麦谷蛋白亚基的组成是1，7+8，4+2。中抗条锈病，感染叶锈病，中感白粉病和纹枯病，有较强的抵御干热风能力。

产量表现与适种地区 在山东省小麦高肥组预试、区试和生产试验中，均居第一位，平均折合单产分别为8 256千克/公顷、

7 689千克/公顷和7 620千克/公顷,分别较对照品种增产9.7%、5.7%和7.5%。2001年在山东省多处培育出9 000千克/公顷以上的大面积高产典型,在菏泽市由专家实打验收1公顷,平均产量9 756千克/公顷。该品种适宜在山东省种植,在河北、山西、河南、安徽、江苏等省生态条件相似的地区也可栽培。2002年在山东、河北、江苏等省推广种植66万公顷。

栽培技术要点 选择中高肥力水浇地种植,增施有机底肥,深耕细作,适时(10月上旬)、适量(基本苗达180万株/公顷)播种。冬前群体900万株/公顷以上,壮苗越冬。春季水肥适当后移,群体过大地块宜采取化控措施。根据土壤肥力水平适当增施拔节肥,施尿素150~225千克/公顷,采用拔节水+灌浆水的灌溉模式。

(撰稿人:赵振东、刘建军)

(六)烟农19

品种来源 烟台市农业科学院小麦研究所以烟1933为母本、陕82-29为父本,用系谱法选育而成,原代号烟优361。2001年5月通过山东省农作物品种审定委员会审定,同年9月通过江苏省农作物品种审定委员会审定。

特征特性 冬性。幼苗半匍匐,叶色呈深黄绿色,叶片上冲,分蘖成穗率高。株高75~80厘米。穗长方形,长芒,白壳,白粒,籽粒角质,千粒重40克左右。粗蛋白质含量13.56%~17.64%,湿面筋含量35.5%~37.2%,沉淀值41~43.3毫升,面团形成时间5.5~15.5分钟,稳定时间15.5~18.7分钟。抗病能力强,尤其高抗赤霉病。

产量表现与适种地区 该品种丰产、稳产。1998~1999年,连续两年参加山东省高肥组区域试验,全省30点次平均折合单产7 254千克/公顷,与对照品种鲁麦14平产,最高单产9 210千克/公顷。2000年参加山东省生产试验,平均折合单产7 190.4千克/公顷,比鲁麦14增产1.3%。2000~2001年参加江苏省区域试验,2000年折合单产7 183.5千克/公顷,比对照品种陕229增产9.5%;2001年折合单产7 805.9千克/公顷,比陕229增产13.7%,在12个参试品种中位居第二。2001年参加江苏省生产试验,折合单产7 582.5千克/公顷,比陕229增产12.3%。该品种在山东省、江苏省淮北、安徽省皖北、河北省东部、陕西省南部等水、旱地均可栽培,2002年在山东省种植47.2万公顷。

栽培技术要点 由于该品种成穗率高,所以在肥水条件好的地块,播量不易过大,一般适期播种播量60~75千克/公顷,基本苗105万~120万株/公顷即可。超出播种适期时,应适当增加或减少播量。在节水地块,播量适当加大,一般基本苗以180万~225万株/公顷为宜。在管理上可适当控制肥水,在施足底肥(包括有机肥和适当撒施氮、磷、钾化肥)的基础上,保证播种质量,达到苗齐、苗匀、苗壮。浇好越冬水。春季抓好划锄保墒,返青水推迟到拔节后期或挑旗期。挑旗前如果从苗相看出有缺肥迹象,可只追肥,不浇水,充分利用雨时追肥。在施肥上,必须做到氮、磷、钾配合施用,不能单一偏施氮肥。

(撰稿人:姜鸿明、赵倩)

(七)鲁麦21

品种来源 烟台市农业科学院小麦研究所以鲁麦13为母本、宝丰7228为父本杂交选育而成,原代号886059。1996年通过山东省农作物品种审定委员会审定,并被山东省定为重点推广品种之一。

特征特性 冬性,成熟期同鲁麦14。幼苗半匍匐,分蘖力较强,成穗率高,叶片短挺、上冲。株高82厘米左右,株型紧凑。穗长方形,长芒,白壳,白粒,千粒重39克左右,常年容重可达

780 克/升左右。籽粒粉质,易磨粉,淀粉含量 66%。抗干热风,抗穗发芽,抗旱,抗条锈病、叶锈病和秆锈病,耐白粉病,落黄好。

产量表现与适种地区 1992~1993 年参加山东省冬小麦中、高肥组预备试验,平均折合单产 6 771 千克/公顷,较对照品种鲁麦 14 增产 7.6%,居 12 个参试品种之首。1994~1995 年参加山东省区域试验,平均折合单产 7 303.5 千克/公顷,较对照增产 3.7%,两年产量均居首位。该品种适合山东省大部、江苏省北部及安徽省、辽东半岛、河北省、山西省等地部分冬麦区推广种植。2002 年在山东省种植 20.7 万公顷。

栽培技术要点 适宜播期为 9 月下旬至 10 月 5 日,播种偏晚应适当加大播量。高肥水地块基本苗 150 万株/公顷左右,中肥水地块基本苗 225 万株/公顷左右,翌春最大群体以 1 350 万~1 500 万株/公顷为宜,穗数 675 万~750 万穗/公顷创高产有把握。

(撰稿人:姜鸿明、赵倩)

(八)淄麦 12

品种来源 山东省淄博市农业科学院作物研究所选育而成。组合是 73-1104/掖选 1 号/2/03201/3/73-1104/掖选 1 号/4/贵农 35-2。2001 年通过山东省农作物品种审定委员会审定。

特征特性 冬性,中熟,与鲁麦 14 熟期相同,全生育期 251 天。幼苗半匍匐,芽鞘淡绿色,叶片绿色。株高 78~80 厘米,茎秆粗壮,株型较紧凑,叶平展。穗长方形,长芒,白壳,白粒,籽粒近椭圆形,角质,有黑胚。千粒重 39~46 克,容重 790 克/升以上,湿面筋含量 35%,粉质仪吸水率 64%,面团稳定时间 11~18 分钟,面包评分 95.5 分,面条评分 82 分,是个兼用型优质品种。中抗白粉病和条锈病,落黄较好。

产量表现与适种地区 1996 年参加本所试验,平均折合单产 7 836 千克/公顷,较对照品种鲁麦 14 增产 15.5%,居首位。

1998～2000年参加省高肥甲组试验，折合单产6 375～9 604.5千克/公顷，居首位。2001年参加生产试验，平均折合单产8 118千克/公顷，比对照增产7.2%，名列第一。2000～2002年参加国家黄淮冬麦区北片区域试验，平均折合单产7 024.7千克/公顷。此品种适于山东省及黄淮冬麦区北片单产6 000千克/公顷以上的高肥水地区栽培。2002年在山东省种植31.9万公顷。

栽培技术要点 ①适宜的群体动态为：基本苗180万～225万株/公顷，越冬群体1 350万～1 500万株/公顷，拔节期最大群体1 650万～1 800万株/公顷，成穗数540万～570万/公顷。②鲁中地区最佳播期为10月1～5日，播深3～4厘米，推广应用种衣剂拌种，也可用多效唑、助壮素等拌种。11月下旬适时浇好越冬水，并每公顷施尿素225千克，磷酸二铵225千克。翌春及时由浅至深划锄1～2遍。拔节期间适时追肥浇水，每公顷施尿素300千克。5月中下旬适时浇好灌浆水。优质面包麦生产基地，应在灌浆期喷施尿素。及时防治病虫草害。③适时收获。该品种活秆成熟，穗色转黄时即可收获，种子田或优质麦生产基地应在完熟期收获。

（撰稿人：穆洪国）

五、山西省

（一）长6878

品种来源 山西省农业科学院谷子研究所以临旱5175为母本、晋麦63为父本杂交，采用水旱交叉选育法培育而成。2002年8月通过山西省农作物品种审定委员会审定，2003年通过国家农作物品种审定委员会审定。

特征特性 冬性，中早熟。幼苗匍匐，植株生长稳健，叶片淡绿色、较窄。株高80～90厘米,茎秆韧性强,较抗倒伏。分蘖力强,成穗率高,穗层整齐。穗纺锤形,长芒,白壳,白粒,角质,千粒重36～41克。容重792克/升,粗蛋白质含量14.14%～15.18%,湿面筋含量32.4%～32.9%,沉淀值30.2～32.2毫升,粉质仪吸水率64.2%～65.6%,面团形成时间2.3～3分钟,稳定时间3.3～4.4分钟。根据国家区试小麦抗旱性鉴定,两年抗旱指数分别为1.0627和1.2292。高抗条锈病,中抗白粉病,感叶锈病。抗青干,落黄黄亮。

产量表现与适种地区 2000～2002年参加山西省中部晚熟冬麦区旱地区试,平均折合单产分别为2830.5千克/公顷、4230千克/公顷和4306.5千克/公顷,分别比对照品种晋麦53增产6.4%、16.9%和22.0%,差异均极显著,其中2年居第一位、1年居第二位,增产点次占89.5%。2001～2002年参加山西省中部旱地生产试验,平均折合单产分别为3870千克/公顷、5202千克/公顷,分别比晋麦53增产13.7%、21.6%,差异极显著,均居第一位,增产点次100%。2001～2002年参加全国北部冬麦区旱地组区试,平均折合单产分别为3561千克/公顷、4875千克/公顷,分别比对照品种西峰20增产6.5%、23.4%,差异极显著,均居第一位,增产点次为85.7%。2002年参加全国北部冬麦区旱地生产试验,平均折合单产4617千克/公顷,比西峰20增产29.6%,差异极显著,所有参试点均增产。该品种适宜于北部冬麦区旱地种植。

栽培技术要点 ①适期播种。播前晾晒种子,以提高出苗率。②在适播期内,一般基本苗330万～375万株/公顷,晚播应酌情增加。③施足底肥,氮(N)磷(P_2O_5)比以1:1.2为宜。④整地前进行土壤消毒,防治地下害虫;灌浆期注意防治蚜虫。

(撰稿人:孙美荣、常云龙)

(二)晋麦60

品种来源 山西省农业科学院小麦研究所以临汾87-6015为母本、运85-24为父本杂交,采用生态育种方法,在水、旱、平川、山区4种条件下对后代进行交替选择,经系谱法选育而成,原名94C518。1994年4月通过山西省农作物品种审定委员会审定,2002年获山西省科学技术进步奖二等奖。

特征特性 冬性,中早熟,比鲁麦14早熟1~2天。幼苗半匍匐,根系发达,次生根多而粗壮,叶色深绿,叶片大而长,能绿叶过冬。冬前分蘖力强,起身拔节后生长稳健,叶片适中,平伸。株高70~80厘米,茎秆弹性好。穗长方形,长芒,白壳,白粒,角质,籽粒卵圆形,千粒重40~45克。粗蛋白质含量14.88%,湿面筋含量32.52%,干面筋含量10.7%,沉淀值31.9毫升。对条锈病表现中抗。后期叶片功能期长,不早衰,落黄好。具有抗高温、抗干热风、抗雨后青枯、抗叶枯病等特性。

产量表现与适种地区 1996~1998年参加山西省南部高水肥组区试,3年平均折合单产6489千克/公顷,比对照品种鲁麦14增产7.4%,居参试品种第一位。1997~1998年在临汾、运城两市进行生产试验,平均折合单产6039千克/公顷,比对照增产9.7%;尤其是在较寒冷的阳城县试点,比对照增产24.5%。在河北省衡水市区试中,表现抗旱、高产,比冀麦36平均增产11.2%,现已大面积推广。该品种适宜在晋南麦区、晋城盆地、黄淮冬麦区高肥水地和一般水地栽培,2002年在山西省种植1.5万公顷。

栽培技术要点 ①该品种吸氮力强,氮磷比以1:1.5为宜,注重拔节期和孕穗期追肥。②播期范围广,适期播种的播量在112.5~150千克/公顷。③全生育期可浇冬水、拔节水、孕穗水或冬水、拔节水、孕穗水、灌浆水,保证高产稳产。④生育后期应喷施粉锈宁和磷酸二氢钾,增粒护叶和增粒重。

（撰稿人：卫云宗）

（三）晋麦63

品种来源 山西省农业科学院谷子研究所用强秆丰产品系旱83-3227做母本，以抗旱、抗病、穗长粒大、灌浆落黄好的晋麦27（长治2017）做父本杂交，后经逐代选育，于1991年育成出圃，原名长5848。1999年通过山西省农作物品种审定委员会审定，2000年通过全国农作物品种审定委员会审定，2001年获山西省科技进步奖一等奖。

特征特性 冬性，中熟。幼苗半直立，叶色淡绿，根系发达。株高85～90厘米，穗层整齐，穗下节较长。穗纺锤形，长芒，白壳，籽粒浅红色，饱满，卵圆形，硬质，千粒重45～50克。粗蛋白质含量13.14%，湿面筋含量24.8%，沉淀值27毫升，面团稳定时间2.8分钟。对条锈病表现为中抗。耐高温，抗青干，落黄黄亮。

产量表现与适种地区 1996～1998年参加全国黄淮冬麦区旱地区试，3年平均折合单产4 411.5千克/公顷，比晋麦33增产10.2%，居1996年国家旱地区试品种之首。其中，山东省济南市试点旱地折合单产高达7 024.5千克/公顷。1995～1997年参加山西省南部旱地区试，3年平均折合单产3 861千克/公顷，比对照品种晋麦47增产3%，其中两年居第一位，一年居第二位。1994年，谷子研究所示范种植1.6公顷，平均单产6 874.5千克/公顷。该品种适宜在黄淮冬麦区旱地、山西省中南部旱地、中水肥地及地膜覆盖麦田种植，2002年在山西省种植1万公顷。

栽培技术要点 为了发挥其穗大、粒大、穗粒重高、增产潜力大等优点，栽培上应注意以下几点：①播期以当地的适播期为宜。②播量根据播种时间、整地质量及土壤肥力而定。适期播种时，黄淮麦区基本苗以300万～330万株/公顷为宜，北部冬麦区以330万～375万株/公顷为宜；薄地和晚播田、应适当增加。③旱地麦田一般要求施足底肥,生育期间不再追肥,扩浇地可在起身末期追施尿素。④及时中耕除草,防治病虫害。

(撰稿人:孙美荣、常云龙)

(四)晋麦 74

品种来源 山西省农业科学院小麦研究所与临汾市种子管理站共同育成,其组合为冀麦 30/运 85-24,原名临协 98-1。2002 年 4 月通过山西省农作物品种审定委员会审定。

特征特性 半冬性,早熟。幼苗半匍匐,叶色浓绿,前期发育较快,生长健壮,根系发达,分蘖力较强,成穗率高,株高 75 厘米左右,株型紧凑,穗层整齐,旗叶宽大上举,外观清秀。穗纺锤形,长芒,白壳,白粒,半角质,籽粒饱满,千粒重 42 克左右。粗蛋白质含量 15.88%,湿面筋含量 34.52%,干面筋含量 12.7%,沉淀值 39.9 毫升。高抗条锈病,中抗叶锈病。

产量表现与适种地区 1999~2001 年参加山西省南部高肥组区域试验,3 年平均折合单产 6 154.5 千克/公顷,比对照品种鲁麦 14 增产 9.8%。2000~2001 年参加山西省南部高肥组生产试验,2 年平均折合单产 6 637.5 千克/公顷,比鲁麦 14 增产 11.3%,位居第一。在晋南麦区临汾市、洪洞县高产示范田,单产均在 7 500 千克/公顷以上。该品种适宜晋南麦区一般水地和高肥水地种植,尤其是水地回茬麦。2002 年在山西省种植 0.9 万公顷。

栽培技术要点 ①播期:晋南麦区适宜播期为 9 月 25 日至 10 月 10 日。②基本苗:高水肥地适期早播时,基本苗为 180 万~225 万株/公顷;适期播种时,基本苗为 225 万~270 万株/公顷。中水肥地适期播种,基本苗以 225 万~270 万株/公顷为宜,晚播麦田可适当增加。③肥水管理:底肥施粗肥 45 000~75 000 千克/公顷、纯氮 90~105 千克/公顷、五氧化二磷 120~135 千克/公顷;追肥应在拔节期或孕穗期施用。④除虫防病:播种前用杀菌剂和杀虫剂混合拌种，以防治地下害虫和小麦黑穗病；小麦抽穗后用杀虫剂和杀菌剂混合喷施，防治麦蚜和各种病害，达到粒饱、丰产。

（撰稿人：卫云宗）

六、陕 西 省

（一）小偃22

品种来源 西北农林科技大学农学院以小偃6号×775-1的F_1为母本、小偃107为父本，进行杂交，以常规系谱法为主选育而成。1998年8月破格通过陕西省农作物品种审定委员会审定。2001年获陕西省科技进步奖一等奖。

特征特性 弱冬性，中早熟。株型结构好，株高80厘米左右，茎秆粗硬，抗倒伏性强。穗齐，穗长方形，多花多粒，结实性好，口紧不易落粒。白粒，角质，千粒重45克左右。综合抗病性好，抗旱耐寒，落黄好。

产量表现与适种地区 1997年和1998年，连续两年在陕西省区试中产量总评皆居第一位，平均比对照品种增产9.2%。据陕西省种子管理站统计，1997～2001年，累计种植134.7万公顷。另外，在河南、安徽、江苏、山西等省的一些地区也有示范种植。该品种适宜于陕西省关中新老灌区水肥条件较好的地块及塬区旱肥地种植，也适宜黄淮冬麦区同类生态条件的地区种植，在高产栽培条件下，每公顷产量7500千克，最高产量达10500千克，深受各地农民的普遍欢迎，种植范围和面积迅速扩大，成为陕西省主栽品种。2002年在山西省种植20.7万公顷。

栽培技术要点 ①精细播种。陕西省关中地区在精细整地、墒情合适的条件下，适宜播期为10月5～15日，适宜播量为90～135千克/公顷，合理群体结构以每公顷成穗数600万左右为宜。

播期和播量应根据墒情等因地制宜掌握。一般要求条播。②肥水管理。施肥原则是以底肥为主,氮、磷肥配合,一般每公顷施磷酸二铵750千克、尿素600千克。及时冬灌,适时春灌。结合冬灌,每公顷追施75千克尿素。有条件的地区可灌1次麦黄水。在抽穗后至灌浆期,结合防治病虫害,叶面喷施磷酸二氢钾。③播种前用杀虫剂和杀菌剂混合拌种,或种子包衣,以防治地下害虫和黑穗病。小麦扬花期注意防治麦蚜和赤霉病。

(撰稿人:陈新宏、李璋)

(二)长武134

品种来源 陕西省长武县农技中心选育而成。组合为长武131/4D-4R代96//长武131/3/NS2761/京花3号。1997年、1998年分别通过陕西省和全国农作物品种审定委员会审定。

特征特性 冬性,熟期中等。株高85厘米,茎秆较粗硬,有弹性,抗倒伏性好。穗纺锤形,长芒,白壳,白粒,千粒重50克左右,容重790克/升,粗蛋白质含量15.2%,湿面筋含量34.4%,沉淀值31.4毫升,粉质仪吸水率61.4%,面团稳定时间3.8分钟,最大抗拉伸阻力200E.U,拉伸面积107厘米^2。最突出特点是综合抗病性好,对条中32号以前的条锈病菌各小种全免疫,对2002年锈病大流行新出现的小种水源11-13、水源11-15反应型为2~3级,较抗白粉病、赤霉病、叶锈病和叶枯病等。

产量表现与适种地区 参加黄淮冬麦区旱地区试两年,12个点次平均折合单产4 222.5千克/公顷,比主栽品种晋麦33增产5.7%。该品种主要在陕西省渭北高原和甘肃省陇东肥沃旱地种植,特别适于旱地地膜麦和半水半旱的肥地,按国家区域适应性试验,亦宜在山东省临沂、济南和河北省衡水等地旱肥地种植。适种地区一般单产4 500~6 300千克/公顷。2002年在陕西、甘肃等省种植8.5万公顷。

栽培技术要点 渭北高原宜9月下旬播种，每公顷播量150～180千克；地膜麦宜9月底至10月初播种，播量150千克左右。注意适当晚播和种肥施氮不宜过多，避免冬前旺长加重旱害。

（撰稿人：梁增基）

（三）陕麦150

品种来源 1989年西北农林科技大学农学院以八倍体小偃麦中4与6811(2)的杂交后代稳定抗锈易位系与抗锈附加系8435杂交F_1与小偃6号杂交，水旱交替、系统选育而成。1999年通过陕西省农作物品种审定委员会审定。

特征特性 半冬性，成熟期较小偃22早1～2天。幼苗半匍匐，叶色浅绿，株型紧凑至半松散，分蘖力强。株高80厘米左右，茎秆粗韧，高抗倒伏。穗纺锤形，长芒，白壳，白粒，角质，千粒重45克，容重815克/升。粗蛋白质含量17.6%，湿面筋含量36.4%，干面筋含量14.7%，沉淀值55.3毫升，粉质仪吸水率65.5%，面团形成时间5.5分钟，稳定时间12分钟左右，硬度61。综合抗病性好，高抗条锈病，中抗白粉病，轻感叶枯病和赤霉病。熟相黄亮。

产量表现与适种地区 参加陕西省区试3年，共23点次平均产量5089.5千克/公顷，较陕229减产4.7%。1999年长安旱地露地种植，最高单产5250千克/公顷。在高产栽培条件下，单产可达6750千克/公顷，较小偃6号增产14%～19%。该品种适宜在陕西省关中6000千克/公顷左右地力水平和黄淮冬麦区南片中肥地及旱肥地、塬灌区栽培。2002年在陕西省种植5万公顷。

栽培技术要点 适时播种的群体结构为：每公顷基本苗195万～240万株，成穗数540万左右。达到以上要求的主要措施是：关中地区适播期为10月上中旬。在水肥条件较好、适期播种条件下，每公顷播量为90～105千克。氮、磷配合，施足底肥，有机肥和无机肥相结合，并注意氮、磷比，以免影响籽粒品质。有条件的地区提倡冬灌。扬花期注意防治蚜虫和红蜘蛛。

（撰稿人：吉万全、任志龙）

（四）陕农78

品种来源 西北农林科技大学农学院利用普通小麦与含簇毛麦基因的材料杂交选育而成。于2002年8月通过陕西省农作物品种审定委员会审定。

特征特性 弱冬性，中熟。幼苗半匍匐，分蘖力强，成穗率高。株型中松，穗层整齐。株高82厘米，茎秆粗硬，根系发达。穗长方形，长芒，白壳，白粒，半硬质，千粒重40克左右。容重806克/升，粗蛋白质含量13.4%，湿面筋含量29.1%，干面筋含量9.8%，沉淀值31.6毫升，粉质仪吸水率60.1%，面团形成时间4分钟，稳定时间6.9分钟，断裂时间8.2分钟。中抗条锈病和白粉病，中感赤霉病。

产量表现与适种地区 2001～2002年在陕西省关中灌区高肥组3年区域试验中，平均折合单产6 742.5千克/公顷，比对照品种陕229和小偃22分别增产4.4%和9.6%，最高折合单产8 800.5千克/公顷。2002年参加生产试验，6点次平均折合单产6 672千克/公顷，比小偃22增产10.5%；最高折合单产8 163千克/公顷。该品种适宜于黄淮冬麦区及关中灌区水地种植，特别适宜于间作套种。2002年在陕西省种植1万公顷。

栽培技术要点 播期为10月中旬。适当稀播，每公顷播量60～90千克，成穗数控制在525万～600万。肥水管理以底肥为主，氮磷比为1:1.5；全生育期每公顷施纯氮150千克左右、五氧化二磷225千克左右。播前结合整地施入80%氮肥和全部磷肥，结合冬灌施入20%氮肥。11月初，麦田杂草露头、天晴有露水时，喷施除草剂。12月底冬灌。抽穗期注意防治蚜虫和叶面喷肥。

（撰稿人：王成社、杨进荣）

（五）陕农 757

品种来源 西北农林科技大学农学院与陕西省仪祉农校合作选育而成，组合为黄选2号/秦麦6号。1997年8月通过陕西省农作物品种审定委员会审定。

特征特性 弱冬性，比小偃6号晚熟1天。幼苗半匍匐，分蘖力强，叶片宽而披，蜡粉重。株型中松，穗层整齐。株高95厘米，茎秆粗硬，根系发达，抗倒伏。穗长方形，长芒，白壳，白粒，半硬质，千粒重45克左右。粗蛋白质含量14.11%，湿面筋含量32%，赖氨酸含量0.34%。对条锈菌小种条中26、28、29、31号表现中抗和慢锈特点，对白粉病、叶枯病和赤霉病等病害表现中抗，抗蚜虫，抗穗发芽。

产量表现与适种地区 1992年，8个点试验，平均折合单产6997.5千克/公顷，比对照品种小偃6号增产17.5%。1993年在乾县、泾阳等地试验，平均折合单产6375千克/公顷，比对照增产15.2%。1994年泾阳县大面积示范种植，单产5985千克/公顷，比对照品种绵阳19增产18.8%。1997年调查18个点、80公顷的产量，平均单产7365千克/公顷。该品种适宜于旱肥地和水薄地栽培。2002年在陕西省种植5.7万公顷。

栽培技术要点 播期为10月中旬。播量每公顷97.5千克左右，基本苗180万株，冬前总蘖数675万，春季总茎数900万，成穗450万左右。肥水管理以底肥为主，氮磷比为1∶1.5，全生育期每公顷施纯氮150～187.5千克、五氧化二磷225～270千克。播前结合整地施入80%氮肥和全部磷肥，结合冬灌施入20%氮肥。灌水根据降水量决定。

（撰稿人：王成社、杨进荣）

七、四川省

(一)川麦30

品种来源 四川省农业科学院作物研究所与国际玉米小麦改良中心合作,采用多亲本聚合杂交选育而成的冬春麦杂交后代,原代号为SW 3243。1998年通过四川省农作物品种审定委员会审定。

特征特性 春性,早熟,全生育期180天。幼苗半直立,苗期长势旺,分蘖力强。株高80~85厘米,茎秆细硬,抗倒伏力强。穗长方形,长芒,白壳,白粒,籽粒长卵圆形,千粒重45~50克。高抗条锈病菌条中28号和29号生理小种。对春季持续低温的耐性较差,播种过早易受倒春寒危害,造成穗粒数下降。灌浆快,落黄好,易脱粒。

产量表现与适种地区 1996年和1997年分别参加内江、自贡两市2年区试,平均折合单产4014千克/公顷,比对照品种绵阳26增产3%。1997年参加简阳、什邡等8县的生产试验,平均折合单产4949.6千克/公顷,比对照增产14.1%。该品种在高产区高产,低产区稳产,适宜在四川省各地区种植。在丘陵地区间套作对后茬影响小,双季增产效果突出。2002年四川省种植5.4万公顷。

栽培技术要点 ①该品种大穗大粒,成穗率中等,基本苗以225万~270万株/公顷为宜。②严格掌握播期。川西及川东北为11月5~10日,川中和川北为11月10日前后,川南为11月10~15日。条播、窝播均可。③根据当地土壤肥力与栽培习惯,重施底肥,拔节、孕穗期早施追肥,每公顷施纯氮195~285千克,同时合理施用磷肥和钾肥。④及时防治蚜虫。

(撰稿人:余毅、邹裕春)

（二）川麦 32

品种来源 四川省农业科学院作物研究所与国际玉米小麦改良中心合作，采用多亲本逐级多次聚合杂交和穿梭育种方法育成的冬春麦杂交后代，亲本组合为 1900“S”/Ning8349//1900，原品种代号为 SW 8188。2001 年通过四川省农作物品种审定委员会审定，2003 年通过国家农作物品种审定委员会审定。

特征特性 春性，早熟，全生育期 187 天。幼苗半直立，叶狭长，略卷，长势旺，分蘖力强，成穗率高，属中间偏穗数型品种，株高 86 厘米左右。穗纺锤形，长芒，白壳，白粒，籽粒卵圆形，千粒重 43.9 克，容重 776 克/升，粗蛋白质含量 13.3%，湿面筋含量 29.6%，出粉率 65.1%。中感白粉病和赤霉病。

产量表现与适种地区 1999～2000 年连续两年参加四川省区试，平均折合单产 5 565 千克/公顷，比对照品种川麦 28 增产 6.3%，达极显著水平。2000 年参加生产试验，5 个试点平均折合单产 5 005.5 千克/公顷，点点增产，增产幅度最高的点达 26.7%。丰产性、稳产性好，适合四川省各生态麦区尤其是丘陵麦区及条锈病常发区种植。2002 年四川省种植 1.7 万公顷。

栽培技术要点 ①基本苗以 180 万～210 万株/公顷为宜。②适时早播，以 10 月下旬播种为宜。③根据当地土壤肥力与栽培习惯，重施底肥，拔节、孕穗期早施追肥，每公顷施纯氮 195 千克，合理施用磷肥和钾肥。④注意防治蚜虫及赤霉病和白粉病。

（撰稿人：余毅、邹裕春）

（三）川麦 36

品种来源 1990 年，四川省农业科学院作物研究所用冬春麦杂交后代选系 SW 5193 与 Milan 在四川的选系杂交，同年夏繁加代，1991～1996 年在成都进行系谱法选育，1996 年稳定成系，原代号 SW 8688。2002 年 9 月通过四川省农作物品种审定委员会审定。

特征特性 春性,中熟,全生育期 187 天左右。幼苗半直立,叶窄,色绿,苗期长势略弱,分蘖力强,后期长势旺,株高 94 厘米。穗长方形,长芒,白壳,白粒,籽粒卵圆形,大小均匀,千粒重 41 克。容重 816~822 克/升,粗蛋白质含量 13.43%~13.7%,湿面筋含量 26.4%~26.9%,沉淀值 46~48.5 毫升,面团稳定时间 7.9~10.1 分钟。高抗条锈病,中抗白粉病,感赤霉病。耐旱力强,抗穗发芽强于绵阳 26。

产量表现与适种地区 2001 年参加四川省区试,平均折合单产 5 034 千克/公顷,比对照品种川麦 28 增产 3.3%,10 个试点中有 6 个点增产。2002 年在四川省区试中,平均折合单产 4 609.5 千克/公顷,比川麦 28 增产 4.8%,10 个试点中有 5 个点增产。该品种适宜在四川盆地麦区种植,尤其在条锈病常发区及优质麦区更能表现其高产优质特性。2002 年四川省种植 0.7 万公顷。

栽培技术要点 ①该品种属穗数型品种,分蘖力强,基本苗以 180 万株/公顷为宜。②10 月底至 11 月初(霜降至立冬前后)播种。③根据当地土壤肥力与栽培习惯,重施底肥,拔节、孕穗期早施追肥,每公顷施纯氮 180 千克,合理施用磷肥和钾肥。④及时防治蚜虫和赤霉病。⑤后期长势旺,应注意排湿、除草。

(撰稿人:余毅、邹裕春)

(四)川麦 107

品种来源 1983 年四川省农业科学院作物研究所以自育中间材料 2469 为母本、引进中间材料 80-28-7 为父本杂交,经 6 年 6 代选育而成,原代号川麦 89-107。2000 年通过全国和四川省农作物品种审定委员会审定。

特征特性 春性,早熟至中熟,全生育期 190 天左右,比川麦

28迟熟2天。芽鞘绿色,幼苗半直立,叶色绿,蜡粉轻。叶片大小适中,轻披。株高85~90厘米,茎秆粗。穗长方形,长芒,白壳,白粒,籽粒卵圆形,腹沟浅,半角质,千粒重45克左右,容重793克/升,粗蛋白质含量14.6%,湿面筋含量33.8%,出粉率78.6%。高抗至中抗条锈病,中感白粉病和赤霉病。植株成熟期落黄转色好。

产量表现与适种地区 1997年参加四川省区试,平均折合单产3798千克/公顷,比对照品种绵阳26减产5.4%。1998~1999年继续参加四川省区试,平均折合单产分别为5322千克/公顷和4789.5千克/公顷,比对照品种川麦28增产5%和12.5%,居参试品种第二位和第三位。1999年参加四川省生产试验,5个试点全部增产,平均折合单产为5208千克/公顷,比川麦28增产13.3%。该品种适宜在四川省平坝及丘陵地区栽培。2002年在四川省、重庆市种植28.3万公顷。

栽培技术要点 ①基本苗210万~270万株/公顷,肥力低的田块以取高限为宜。②该品种播期弹性大,10月底至11月初(霜降至立冬前后)播种。③根据当地土壤肥力与栽培习惯,重施底肥,拔节、孕穗期早施追肥,每公顷施纯氮150千克,合理施用磷肥和钾肥。在肥力较高、密度较大田块,于拔节初期施用矮壮素。④抽穗扬花期注意防治蚜虫。

(撰稿人:余毅、朱华忠)

(五)川农11

品种来源 四川农业大学以小麦品系78-5038为母本、85-D.H.5015为父本杂交,于1996年选育而成,原代号96-D.H.918。2001年通过四川省农作物品种审定委员会审定,2003年5月获国家新品种权保护。

特征特性 春性,早熟,全生育期185天左右,与川麦28成熟期相当。芽鞘浅紫色,幼苗半直立,分蘖力强,成穗率高,穗层整

齐。株高 80 厘米左右,矮健,茎秆弹性好,抗倒伏力强。穗纺锤形,长芒,白壳,白粒,千粒重 50 克左右,籽粒大而饱满。容重 752 克/升,出粉率 73.5%,粗蛋白质含量 13.11%,湿面筋含量 28.5%,沉淀值 20.8 毫升。中至高抗条锈病、白粉病,感赤霉病。落黄转色好,易脱粒。

产量表现与适种地区 1999~2000 年参加四川省区试,两年平均折合单产 5 311.5 千克/公顷,比对照品种川麦 28 增产 11.8%。2000 年参加四川省小麦新品种生产试验,6 个试验点平均折合单产 5 376 千克/公顷,比川麦 28 增产 9.4%,6 个试验点全部增产。1998~2001 年在雅安地区、成都市、自贡市、内江市、资阳市和中江县等地进行了试种和示范,一般产量 6 000 千克/公顷左右,高产田块达 7 500 千克/公顷以上。该品种适宜在四川省及周边地区的平坝、丘陵山区栽培,2002 年在四川省种植 2.8 万公顷。

栽培技术要点 ①适宜播种期为 11 月 1~8 日,基本苗 225 万株/公顷左右,播种量 120~150 千克/公顷。条播、窝播、机播均可。②重施底肥,早施追肥(麦苗二叶一心)。单产 6 000 千克/公顷以上需纯氮(N)150~180 千克/公顷、磷(P_2O_5)75 千克/公顷、钾(K_2O)90 千克/公顷。③播前 3~7 天用化学除草剂除草 1 次,麦苗三叶期再除草 1 次。小麦孕穗期至灌浆期防治蚜虫 2 次。抽穗期或灌浆期根外追肥 1 次,即尿素 15 千克/公顷、磷酸二氢钾 15 千克/公顷混合均匀,对水 1 500 升/公顷,进行叶面施肥。注意防治赤霉病。适期、及时收获。

(撰稿人:任正隆、张显志)

(六)川农 17

品种来源 1987~1992 年间,四川农业大学使用染色体工程方法选育了高产抗病的小麦新品系 91S-23-7 和 A 302-1,用它们做亲本杂交,经过冬播和夏繁的交替选择,选育出 R 57。2002 年经四川省农作物品种审定委员会审定命名为川农17。2003年获国家新品种权保护。

特征特性 春性,熟期比川麦28迟3~7天。幼苗半直立,生长势强,分蘖力很强,成穗率比川麦28高。株高约80厘米,株型紧凑,秆硬,抗倒伏性强。穗纺锤形,长芒,白壳,粒色浅红,籽粒饱满,千粒重约46克。容重784克/升,粗蛋白质含量14.1%,湿面筋含量35.1%,沉淀值37毫升,面团稳定时间7分钟。高抗条锈病和白粉病,中抗赤霉病。成熟时落黄转色好。

产量表现与适种地区 在2001~2002年的四川省区试中,平均比对照品种川麦28增产18.1%,在优质组中排名第一。2002年在四川省邛崃市连片示范种植2.4公顷,平均单产6 193.5千克/公顷,比当地栽培小麦品种增产36.7%。该品种适宜在四川省及其周边省、市栽培。2002年在四川省种植1.2万公顷。

栽培技术要点 在高产栽培上,宜充分发挥其穗多、穗大的特性。①采用撬窝点播或条播,行距20厘米,窝距10厘米,保证基本苗在120万~180万株/公顷左右。②重施底肥。单产在6 000千克/公顷的栽培水平下,每公顷施纯氮(N)120~150千克、磷(P_2O_5)和钾(K_2O)各75千克。③苗期保持田间湿润,促进早期分蘖发生,这是增产的关键。④在灌浆期注意防治蚜虫和防过度干旱。

(撰稿人:任正隆、张怀琼)

(七)川育14

品种来源 中国科学院成都生物研究所1989年用9920(本所选育,组合为川育9号/3/繁7/高加索//川育5号)做母本、21646(本所选育,组合为川育8号//川育9号/黔花1号)做父本杂交,采用系谱选择法,经成都、昆明两地4年6代选育,于1992年稳定成系;品系代号33976。1998年11月通过四川省农作物品种审定委员会审定命名为川育14。1999年9月通过全国农作物品种审定委员会审定。

特征特性 弱春性,早熟,全生育期185天左右,与绵阳26熟期相同。幼苗半直立,分蘖力强,成穗率高,株高90厘米左右,株型紧凑,根系发达,秆壮,抗倒伏。穗长方形,长芒,白壳,红粒,籽粒卵圆形,半硬质,千粒重40~45克。容重802克/升,出粉率70.2%。粗蛋白质含量14.39%~15.9%,湿面筋含量37%~37.1%,沉淀值29.7~46毫升,粉质仪吸水率63%~64%,面团稳定时间3~5分钟,最大抗拉伸阻力370~442E.U,拉伸曲线面积77.5~107厘米^2,面条煮制品质总分86分。该品种中至高抗条锈病,抗叶锈病,中抗至中感赤霉病,中感白粉病。抗旱指标达到一级。高抗穗发芽,穗上发芽率为0.5%。叶片功能期长,灌浆快,成熟落黄好。

产量表现与适种地区 1996、1997两年参加四川省区试,平均折合单产4578千克/公顷,比对照品种绵阳26增产6.5%,位居第一。1997年、1998年参加长江上游麦区冬麦组区试,22点次折合单产4602千克/公顷,比对照品种绵阳20增产13%,达显著水平。其中在四川省的达川、绵阳,重庆市的万县、涪陵、黔江,贵州省的遵义、毕节、贵阳,云南省的楚雄、德宏,湖北省的襄樊和河南省的南阳等地试点,均比绵阳20增产20%以上。1997年参加四川省生产试验,平均折合单产4113千克/公顷,比绵阳26增产4.1%;1998年在重庆市2个点,平均折合单产4321.5千克/公顷,比绵阳26增产8.3%;贵州省1个点折合单产3631.5千克/公顷,比对照品种贵麦2号增产11.3%。大面积生产示范一般单产5250~6750千克/公顷,最高单产7983千克/公顷。该品种适宜在四川省、重庆市、贵州省、云南省和湖北省襄樊、河南省南阳等地种植,现已列为四川省、重庆市的主要推广品种。2002年在四川省、重庆市种植5.3万公顷。

栽培技术要点 ①播种期弹性较大,长江上游地区适宜播种期在10月下旬至11月上旬。②种植密度及方式:一般基本苗以225万~270万株/公顷为宜。按10厘米×20厘米的窝行距撬窝点播或20厘米行距条播,确保有效穗数达到375万~420万/公顷,单产可达6 750千克/公顷以上。③重施底肥,早施追肥(三叶期),底、追肥比例为3:1。单产6 750千克/公顷以上产量水平需施纯氮(N)180千克/公顷、磷(P_2O_5)90千克/公顷、钾(K_2O)105千克/公顷。注意防除杂草及防治病害和蚜虫。

(撰稿人:吴 瑜、李利蓉)

(八)川育16

品种来源 中国科学院成都生物研究所以30020/8619-10做母本、晋麦30做父本杂交选育而成。2002年9月通过四川省农作物品种审定委员会审定,2003年2月通过国家农作物品种审定委员会审定。

特征特性 弱春性,早熟,全生育期190天左右,与绵阳26同期成熟。幼苗半直立,长势旺,分蘖力强,成穗多,株高90厘米左右,株型紧凑,根系发达,秆壮,抗倒伏。穗长方形,长芒,白壳,白粒,千粒重50克左右,籽粒饱满。容重790克/升,出粉率70.4%~76.1%,粗蛋白质含量13.35%~14.1%,湿面筋含量28.2%~32.5%,沉淀值24~44毫升,面团稳定时间3.2分钟,面条评分89.8分。对条锈病高抗至免疫,叶锈病轻,中感赤霉病,感白粉病。叶片功能期长,灌浆快,成熟落黄好。

产量表现与适种地区 2000年参加四川省区试,12个试点中8个点增产,增产幅度0.4%~9%,平均折合单产5 265千克/公顷,与对照品种川麦28平产;2001年继续参加四川省区试,平均折合单产5 211千克/公顷,比川麦28增产10.9%;2年平均折合单产5 283千克/公顷,比川麦28增产4.4%,24个试点中18个点增产,占试点总数的75%。2001~2002年参加长江上游麦区冬麦组区域试验,2001年平均折合单产5 230.5千克/公顷,比对照品种绵阳26增产13.3%,差异极显著,名列第二;2002年平均折合单产4 863千克/公顷,比绵阳26增产23.6%,差异极显著,位居第一;2年平均折合单产5 047.5千克/公顷,比对照增产18%。40个试点中33点次增产,占82.5%。2002年在四川省不同生态区(双流、南充、广元、资中、绵阳)5个点生产试验,5个试点全部增产,平均折合单产3 720千克/公顷,比川麦28增产37.3%。2002年参加长江上游麦区冬麦组生产试验,在四川、云南、贵州和陕西等省6个点试验,其中5个试点增产,平均折合单产4 063.5千克/公顷,比对照品种平均增产51.4%。该品种适宜在四川省、重庆市、云南省和湖北省襄樊、河南省南阳等地栽培。2002年在四川省种植3.7万公顷。

栽培技术要点　①适宜播期在10月底至立冬,按每公顷基本苗225万~270万株计算用种量,按10厘米×20厘米窝行距小窝密植。②每公顷施纯氮165~180千克,配合施磷、钾肥。肥料以农家肥为主,重施底肥,早施追肥,底、追肥比例为3:1。③冬干冬灌,注意防除田间杂草,后期注意防治麦蚜。

（撰稿人:吴瑜、李利蓉）

（九）川育17

品种来源　1996年,中国科学院成都生物研究所以绵阳26做母本、G295-1(本所选育,组合为川育9号/3/繁7/高加索//川育5号/4/墨460)做父本杂交,采用系谱选择法,经成都、昆明两地4年7代的选育,于1999年稳定成系,品系代号为61526-3。2002年9月通过四川省农作物品种审定委员会审定。

特征特性　春性,早熟,全生育期186天左右,比川麦28晚熟2天。苗叶绿色,叶片短窄,幼苗半直立,长势旺,分蘖力中等,株型紧凑,穗层整齐。株高 85 厘米左右,秆壮,抗倒伏。穗长方形,长芒,白壳,白粒,硬质,饱满度好,千粒重 42～45 克。容重809 克/升,粗蛋白质含量 15.2%,湿面筋含量 40.3%,沉淀值 25 毫升,粉质仪吸水率 56.9%,面团稳定时间 4 分钟。中抗条锈病和白粉病,中感赤霉病,其对条锈病、白粉病的抗性优于川麦 28。

产量表现与适种地区 2001～2002 年参加四川省区试:2001 年平均折合单产 5 389.5 千克/公顷,比对照品种川麦 28 增产 8.8%;2002 年平均折合单产 4 578 千克/公顷,比川麦 28 增产 21.4%;两年平均折合单产 4 984.5 千克/ 公顷,比川麦 28 增产 14.3%,22 个供试点中 17 个点增产,占试点总数 77.3%。2002 年在四川省不同生态区(双流、南充、广元、资中、绵阳)5 个点生产试验,平均折合单产 4 341 千克/公顷,比川麦 28 增产 31.4%,5 个试点全部增产。该品种适宜在四川省麦区栽培,2002 年在四川省种植 1.3 万公顷。

栽培技术要点 ①播种期弹性较大,川西北适宜播种期在 10 月 25 日至 11 月上旬,川东南以 10 月底至立冬播种为宜。②按每公顷 225 万～270 万株基本苗计算用种量。③采用 10 厘米 × 20 厘米的窝行距撬窝点播或 20 厘米行距条播。④重施底肥,早施追肥(三叶期),底、追肥比例为 3∶1,亦可底、追肥一道清,每公顷施纯氮(N)180 千克、磷(P_2O_5)90 千克、钾(K_2O)105 千克。⑤防除田间杂草。若遇冬旱,春前灌水 1 次。抽穗后注意防治蚜虫。

(撰稿人:吴瑜、李利蓉)

(十)绵阳 26

品种来源 四川省绵阳市农业科学研究所于 1984 年以绵阳 20(原绵 81-5)为母本、川育 9 号(原 81-34)为父本杂交,经 7 年定向选择培育而成。1995 年通过四川省农作物品种审定委员会审定,1998 年通过全国农作物品种审定委员会审定。

特征特性 弱春性,早熟,全生育期180~190天。幼苗半匍匐,长势壮,株高85~90厘米,穗下节间长,根系发达,株型紧凑,抗倒伏力强。穗长方形,长芒,白壳,白粒,千粒重50克左右,容重765克/升,籽粒均匀饱满,商品性好,精粉出粉率74.3%。粗蛋白质含量15.5%,沉淀值57~59毫升。对条中28、29、30号条锈菌生理小种免疫,高抗条中31、32号小种,抗叶锈病、白粉病、赤霉病的能力较强。灌浆快,落黄转色好。

产量表现与适种地区 适应性广,在绵阳20种植地区均可种植,一般每公顷产量可达6000千克。1995年经四川省绵阳市科委和农业局组织专家现场验收691.7米^2,折合单产7974千克/公顷。2002年在四川、贵州、湖北、陕西等省种植44.9万公顷。

栽培技术要点 在绵阳以10月23日至11月5日为最佳播种期,每公顷基本苗以210万株为宜,适当稀植可发挥大穗优势。中等以上肥力田块以每公顷产量6000千克计算,需氮、磷、钾的比例为225千克:120千克:165千克。重施底肥,早施追肥。后期注意防治蚜虫,成熟后及时收获。

(撰稿人:李生荣)

(十一)绵阳28

品种来源 四川省绵阳市农业科学研究所采用多亲本复合杂交于1989年选育而成。1996年通过四川省农作物品种审定委员会审定,1999年通过全国农作物品种审定委员会审定。

特征特性 弱春性,早熟,全生育期185~188天。幼苗半直立,长势壮,株高83~88厘米,株型紧凑,根系发达,茎秆坚韧,抗倒伏力强。穗长方形,长芒,白壳,白粒。籽粒均匀饱满,容重792.5克/升,精粉出粉率71%。粗蛋白质含量13.03%,湿面筋含量27.99%。高抗至中抗条锈病,对叶锈病、白粉病和赤霉病的抗性水平与对照品种相当。落黄转色好。

产量表现与适种地区 参加长江流域冬麦组小麦新品种筛选试验,折合每公顷产量 5 173.5 千克,比对照增产 19.9%。该品种适宜在长江上游麦区栽培,2002 年在四川、贵州、湖北等省和重庆市种植 78.5 万公顷。

栽培技术要点 在绵阳市以 10 月 25 日至 11 月 5 日为最佳播种期。每公顷基本苗以 210 万株左右为宜,适当稀植可发挥大穗优势。在绵阳市基础地力条件中等情况下,每公顷施纯氮(N)180~225 千克、磷(P_2O_5)和钾(K_2O)各 90 千克。后期注意防治赤霉病和白粉病。蜡熟后及时收获。

(撰稿人:李生荣)

(十二)绵阳 29

品种来源 四川省绵阳市农业科学研究所选育而成,其杂交组合为绵阳 11/83-5。1999 年通过四川省农作物品种审定委员会审定。

特征特性 春性,早熟,全生育期约 186 天左右。幼苗半直立,叶色深绿,株高适中,一般 85~90 厘米,茎秆弹性好,耐肥,抗倒伏力强。穗层整齐,株型好。穗长方形,长芒,白壳,白粒,籽粒饱满均匀,粒长圆形,千粒重 42~46 克,容重 794 克/升,出粉率 80.4%,粗蛋白质含量 14.63%,湿面筋含量 35.1%。成熟时转色落黄好。

产量表现与适种地区 1996 年参加四川省广元市生产试验,平均折合单产 3 922.5 千克/公顷,比对照品种 80-8 增产 5.3%。1996~1997 年参加四川省绵阳市区域试验,平均折合单产 4 588.5 千克/公顷,比对照品种绵阳 26 增产 3.1%。1997 年在绵阳市的生产试验中,折合单产 4 783.5 千克/公顷,比绵阳 26 增产 4.5%。该品种适宜四川省及长江上游麦区种植,其产量与绵阳 26 相近。2002 年在四川省种植 17.7 万公顷。

栽培技术要点 适宜播期为10月24日至11月4日,开沟条播或小窝疏株密植均可,播种量每公顷270千克,基本苗240万~270万株/公顷,成穗330万穗。一般每公顷用纯氮187.5千克,底肥约占80%,及时追施分蘖肥、穗肥。注意防治蚜虫。

(撰稿人:李生荣)

(十三)绵阳30

品种来源 四川省绵阳市农业科学研究所采用复合杂交育成,其组合为绵阳01821/83选13028//绵阳05520-14,原代号为绵阳96-12。2002年通过全国农作物品种审定委员会审定。

特征特性 弱春性,中早熟。苗期长势壮,分蘖力强,株高适中,茎秆粗壮,抗倒伏力强。穗层整齐,穗大粒多,白粒,均匀饱满,商品性佳,千粒重50克左右,经全国区试统一取样进行品质分析,容重760克/升,粗蛋白质含量11.59%~11.79%,湿面筋含量20.1%~21.4%,沉淀值13.1~15毫升,面团稳定时间1.4~1.5分钟,属弱筋小麦品种,适宜制作饼干、糕点。高抗条中29、30、31、水源11-13等4个条锈菌生理小种,中抗杂46生理小种,中感水源11-5生理小种;中感白粉病。生育后期茎叶蜡质较多,对麦蚜的危害具有较强的抵抗力。

产量表现与适种地区 1997年参加本所品比试验,折合单产4545千克/公顷,比对照品种绵阳26增产13.5%。在1998年品比试验中,折合单产6184.5千克/公顷,比对照品种川麦28增产10.2%。1998、1999两年参加四川省雅安地区区域试验,平均折合单产3790.5千克/公顷,比绵阳26、川麦28增产11.2%。1999年参加全国长江上游组区试,20个试点平均折合单产4215千克/公顷,比绵阳26增产7.5%。2000年继续参加区试,20个试点平均折合单产5653.5千克/公顷,比绵阳26增产10.6%,达极显著水平。1999~2000年参加贵州省区试,分别折合单产4182千克/公顷和4 561.5千克/公顷,比对照品种贵丰1号、绵阳26分别增产25.2%和14%,居参试品种首位。2001年参加全国农技推广中心组织的小麦新品种展示,平均单产6 411千克/公顷,比对照品种川麦107增产13.1%,名列前茅。1999年在绵阳青义、涪城石洞、广汉连山、成都金堂等地示范种植0.5公顷,平均基本苗196.5万株/公顷,有效穗337.5万/公顷,每穗结实粒数43.8粒,千粒重50.4克,单穗重2.2克,单产6 799.5千克/公顷。该品种适应性广,在绵阳11、绵阳20等绵阳系列品种适宜栽培的地区均可栽培,2002年种植8.7万公顷。

栽培技术要点 在绵阳市及与其相似地区的适宜播种期为10月25~30日,基本苗180万株/公顷左右,撬窝点播、条播或免耕撒播稻草覆盖均可。每公顷施纯氮180~210千克。以农家肥为主,重施底肥,早施追肥。三叶期至拔节期追施尿素60~75千克/公顷。漕沟田或多雨年份需防治白粉病和赤霉病,条锈病常发区和条锈病重发年份,需早期(拔节后期)进行药剂防治,成熟后及时收获。

(撰稿人:李生荣)

(十四)绵阳31

品种来源 四川省绵阳市农业科学研究所选育而成,其杂交组合为绵阳90-310/川植89-076,原品系名392-27。2002年9月通过四川省农作物品种审定委员会审定命名。

特征特性 春性,早熟,全生育期185天左右。幼苗较直立,长势中等,分蘖力强,成穗率较高。株高80厘米左右,植株整齐,耐肥,抗倒伏力强。穗长方形,顶芒,白壳,白粒,千粒重47~50克,籽粒均匀饱满,商品性好,容重794克/升,精粉出粉率65.4%。粗蛋白质含量11.5%~14%,湿面筋含量26.5%~30.4%,面团稳定时间3.5分钟。高抗至中抗条锈病,高抗白粉病,中感赤霉病。

成熟时落黄好,成熟后颖壳较松,易人工脱粒。

产量表现与适种地区 2001~2002年参加成都市、绵阳市区试:2001年两地分别折合单产5 301.5千克/公顷和6 222千克/公顷,比对照品种川麦28、绵阳26分别增产21.8%和12.2%,均居参试品种首位;2002年两地分别折合单产4 967.6千克/公顷和5 774.3千克/公顷,比川麦28、绵阳26分别增产17.4%和6.9%。2002年在成都市、绵阳市的生产试验中,平均折合单产分别为5 085千克/公顷和5 288.6千克/公顷,比川麦28、绵阳26分别增产34.5%和8.9%。2001~2002年参加陕西省安康市区试,两年平均折合单产4 266.8千克/公顷,比绵阳26增产9.4%;同年参加该市生产试验,折合单产4 645.6千克/公顷,比绵阳26增产10.9%,居参试品种首位。该品种在绵阳系列小麦品种适宜栽培的地区均可种植,2002年在四川省种植2.4万公顷。

栽培技术要点 在川西北生态条件及相似生态区,11月上旬播种,基本苗180万~210万株/公顷,最高总茎数600万/公顷左右,有效穗345万/公顷以上,单产可达7 500千克/公顷左右。重施底肥,早施追肥,适当追施拔节肥。生育期中注意除草、防湿和防治蚜虫,赤霉病重发年份注意防治病害,蜡熟期及时收获。

(撰稿人:李生荣)

八、贵州省

毕麦15

品种来源 贵州省毕节地区农业科学研究所选育而成,其组合为绵阳11/842-644。1999年2月通过贵州省毕节地区农作物品种审定委员会审定。

特征特性 弱春性,全生育期210~220天。分蘖力中等,株高86厘米,株型紧凑。穗长方形,长芒,白壳,红粒,半硬质,千粒重41~50.5克。中抗白粉病、叶锈病和赤霉病,高抗条锈病。成熟落黄好,易脱粒。

产量表现与适种地区 适宜在贵州省大部分地区及生态类型相似的云南、四川等省种植,一般单作密植产量4500~6000千克/公顷,最高产量达7000千克/公顷。

栽培技术要点 播种期根据各地海拔及气候条件在10月13日至11月10日均可,海拔较高地区可适当早播,海拔较低地区适当晚播。中上等肥力地块单作基本苗以180万~340万株/公顷为宜,分带种植时基本苗在120万株/公顷为宜。播前施足底肥,苗期看苗追肥并及时中耕除草,抽穗灌浆期注意防治蚜虫,适时收获。

(撰稿人:赵彬)

九、江 苏 省

(一)宁麦8号

品种来源 江苏省农业科学院粮食作物研究所由杂交组合扬麦5号/86-17采用系谱法选育而成。1996年11月通过江苏省农作物品种审定委员会审定。

特征特性 春性,中晚熟。幼苗半直立,苗期生长稳健,幼穗分化较慢,有利于形成大穗。株高80~85厘米,耐肥,抗倒伏性较强。穗长方形,长芒,白壳,红粒,千粒重37~39克,常年容重在780克/升左右,出粉率70.5%。粗蛋白质含量13%,干、湿面筋含量分别为11%和32.8%,沉淀值45.5毫升,有良好的食品加工品质。中抗赤霉病和白粉病,感染纹枯病和梭条花叶病。穗层整齐,特别适于机械收割。

产量表现与适种地区 1996年,江苏省海安县示范种植21.3公顷,平均单产6 420千克/公顷;新洋农场示范种植26.7公顷,平均单产达8 250千克/公顷。1998年江苏省泰兴市推广种植2 000公顷,平均单产5 625千克/公顷,比扬麦158增产11.9%。在苏南的产量水平虽然不及苏北高,但仍然比当地当家品种增产,1998年江苏省吴江市推广种植5 400公顷,平均单产4 530千克/公顷,比当地主栽品种扬麦5号增产10.4%。该品种适宜在苏、皖淮河以南地区高肥条件下栽培。2002年在江苏省种植8.3万公顷。

栽培技术要点 其播种适期,苏南地区为10月底前后,苏中地区为10月25日前后。适期播种的基本苗在225万株/公顷左右。肥料运筹上,底肥占60%,苗肥占20%~25%,拔节肥占15%左右。避免在感染梭条花叶病的田块种植。拔节期注意防治纹枯病。

(撰稿人 蔡士宾)

(二)宁麦9号

品种来源 江苏省农业科学院粮食作物研究所由杂交组合扬麦6号/西风小麦通过集团选择法选育而成。1997年10月通过江苏省农作物品种审定委员会审定。

特征特性 春性,中早熟。幼苗半直立,叶色深绿,叶片较狭大,株型较紧凑。株高85厘米左右,茎秆较坚实,韧性较强。穗近长方形,长芒,白壳,红粒,籽粒较饱满,腹沟浅,粉质。常年千粒重在33~35克,容重780~800克/升。出粉率为68%,粗蛋白质含量10.6%,湿面筋含量19.3%,干面筋含量6.3%,沉淀值26毫升,降落值323秒,粉质仪吸水率53.3%,面团形成时间1.5分钟,稳定时间1.5分钟,符合国家规定的优质弱筋小麦标准,也达到了优质饼干小麦的各项指标。高抗梭条花叶病,中抗赤霉病、白粉病和纹枯病,耐湿性好。

产量表现与适种地区 1996~1997年参加江苏省淮南片小麦良种区域试验，在24个点次上有17个点次单产居第一位，而且每个试点上均高于对照品种扬麦158，平均折合单产6644.7千克/公顷，比扬麦158增产10.7%。1997年参加江苏省淮南片小麦生产试验，单产亦居第一位，平均折合单产6828.8千克/公顷，比扬麦158增产5.4%。大面积生产平均单产比扬麦158增产5%~10%。该品种适宜在苏、皖淮河以南地区栽培。2002年在江苏省种植2.1万公顷。

栽培技术要点 播种适期，苏南地区为10月下旬，苏中地区为10月20日前后。适期播种的基本苗为180万~225万株/公顷。肥料运筹上，底肥占60%，苗肥占10%~15%，拔节肥占25%~30%。注意防治锈病。

（撰稿人：蔡士宾）

（三）扬麦9号

品种来源 江苏省里下河地区农业科学研究所与江苏省农业科学院遗传所合作，采用常规育种和花培相结合的方法育成，组合为鉴三/扬麦5号。1996年通过江苏省农作物品种审定委员会审定。

特征特性 春性，熟期比扬麦158早1天。长相清秀，分蘖力强，成穗率高。株高80厘米左右，耐肥，抗倒伏性强。穗纺锤形，红粒，粉质，千粒重40克左右，容重780克/升。粗蛋白质含量10.9%，湿面筋含量21.8%，沉淀值17.1毫升，粉质仪吸水率52%，面团形成时间1.4分钟，稳定时间1.4分钟。中抗至抗赤霉病，中感白粉病，有叶尖枯现象。

产量表现与适种地区 1997年在江苏省宝应县城郊乡种植7.5公顷，平均单产超9000千克/公顷，最高田块单产达9907.5千克/公顷；新洋试验站6.7公顷超高产示范方，实收单产9082.5

千克/公顷。该品种适宜在长江中下游麦区栽培。2002年在江苏省种植0.7万公顷。

栽培技术要点 在淮南麦区的播种适期是10月25～30日，基本苗以180万～270万株/公顷为宜。作为优质弱筋小麦生产，在肥料运筹上应重施底肥和苗肥，控制中后期氮肥施用量，拔节孕穗肥提前至倒3叶期施用。做好化学除草工作，适时防治病虫害。

（撰稿人：程顺和、张伯桥）

（四）扬麦10号

品种来源 江苏省里下河地区农业科学研究所与南京农业大学细胞遗传所合作，采用滚动回交与分子标记辅助选择相结合的方法育成，组合为扬158^2/3/Y.C./扬麦5号//扬85-85^4。1998年通过江苏省农作物品种审定委员会审定。

特征特性 春性，熟期与扬麦158相仿。株高95厘米，茎秆粗壮，抗倒伏性较好。穗纺锤形，长芒，白壳，红粒，角质，千粒重42克左右，容重800克/升，粗蛋白质含量12.8%～15.44%，湿面筋含量33.6%，沉淀值48毫升，面团形成时间2.3～4分钟，稳定时间5.4～9分钟。含抗白粉病的Pm4a基因，中抗赤霉病，纹枯病轻。耐高温逼熟，灌浆速度快，熟相好。

产量表现与适种地区 在各级试验中均表现比扬麦158增产，平均折合单产6000千克/公顷。该品种适宜长江中下游麦区推广应用，但不宜在土传病毒病重发的田块种植。2002年在江苏省种植9万公顷。

栽培技术要点 播期以10月20日至11月5日为宜，耐迟播能力较强。中上等肥力田块基本苗以225万株/公顷左右为宜。重视拔节孕穗肥的施用。注意纹枯病的防治。

（撰稿人：程顺和、张伯桥）

(五)扬麦 11

品种来源 江苏省里下河地区农业科学研究所与南京农业大学细胞遗传所合作,采用滚动回交与分子标记辅助选择相结合的方法育成,组合为扬 158^3/3/Y.C./鉴二//扬 85—85^4。2001 年通过江苏省农作物品种审定委员会审定,被作为江苏省农业新品种更新工程蒸煮类专用小麦品种推广种植。

特征特性 春性,熟期比扬麦 158 早 1~2 天。株高 95 厘米左右。穗长方形,长芒,白壳,浅红色粒,半角质。籽粒大而饱满,千粒重 43~46 克,粗蛋白质含量 13.1%,湿面筋含量 30.6%,沉淀值 50 毫升,面团形成时间 4 分钟,稳定时间 5.2 分钟。含抗白粉病的 Pm4a 基因,中抗赤霉病,纹枯病轻。耐湿,耐高温逼熟,灌浆速率快,后期熟相好。

产量表现与适种地区 2000 年在江苏省生产试验中,平均折合单产 6 506.1 千克/公顷,比对照品种扬麦 158 增产 6.3%,居参试品种第一位。2001 年在江苏省扬州市生产示范中,平均单产 8 130千克/公顷,较扬麦 158 增产 7.8%。该品种适宜在长江中下游麦区推广应用。2002 年在江苏省种植 15.6 万公顷。

栽培技术要点 播期以 10 月 20 日至 11 月 5 日为宜,耐迟播能力较强。中上等肥力田块基本苗以 225 万株/公顷左右为宜。重视拔节孕穗肥的施用。注意纹枯病的防治。

(撰稿人:程顺和、张伯桥)

(六)扬麦 12

品种来源 江苏省里下河地区农业科学研究所与南京农业大学细胞遗传所合作采用滚动回交辅以抗病基因分子标记选择育成的,组合为扬麦 158^3/3/TP114/扬麦 5 号//扬 85-85^4。2001 年通过全国农作物品种审定委员会审定,并被全国农业技术推广服务中

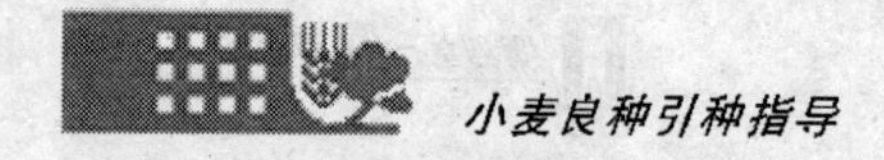

心列入 2002 年全国重点推广的十个小麦新品种之一。

特征特性 春性,熟期与扬麦 158 相当。株高 92 厘米左右,抗倒伏性较好。穗纺锤形,长芒,白壳,红粒,千粒重 40~42 克,容重 780 克/升,粗蛋白质含量 13.7%,湿面筋含量 33.5%,沉淀值 40 毫升,粉质仪吸水率 61.3%,面团稳定时间 6.5 分钟。含抗白粉病的 Pm2+6 基因,中抗赤霉病,纹枯病轻。耐高温逼熟,后期灌浆快,熟相较好。

产量表现与适种地区 2000 年参加生产试验,在江苏省、安徽省、浙江省、湖北省 7 个试点均表现比对照增产,增幅为0.5%~10.7%,平均折合单产为 5 070 千克/公顷,居参试品种之首。该品种在长江中下游麦区适宜作为扬麦 158 的替代品种推广种植,尤其适用于白粉病重发及肥水条件较好的地区。

栽培技术要点 播期以 10 月 20 日至 11 月 5 日为宜,耐迟播能力较强。中上等肥力田块基本苗以 225 万株/公顷左右为宜。重视拔节孕穗肥的施用。注意纹枯病的防治,不需防治白粉病。

(撰稿人:程顺和、张伯桥)

(七)徐州 25

品种来源 江苏省徐州市农业科学研究所选育而成,其杂交组合为徐州 7904-13-2-2/百农 792。1997 年通过江苏省农作物品种审定委员会审定,2000 年通过全国农作物品种审定委员会审定。

特征特性 半冬性,中晚熟。幼苗半匍匐,叶色深绿,生长健壮,抗寒性好。分蘖力强,成穗率中等,株型较紧凑,剑叶稍宽大,穗层整齐。株高 80~85 厘米,茎秆粗壮,基部节间充实度高,抗倒伏性强。穗长方形,长芒,白壳,白粒,籽粒饱满,千粒重 42~45 克。粗蛋白质含量 9.6%,湿面筋含量 20.7%,面团形成时间 1.5 分钟,稳定时间 2.1 分钟。连云港市三得利啤酒公司经过对黄淮麦区20余个小麦品种的分析测试,筛选出徐州25作为优质啤酒小麦品种,其麦芽分析结果为:糖化时间13分钟,可溶性氮100.9毫克/100毫升,氨基氮113毫克/100毫升,糖化力359WK,色度6.5~7,微粉浸出物85.2%,pH值6.07,库尔巴哈值44。2000年已开始用其批量生产小麦啤酒。中抗条锈病,抗叶锈病,白粉病较轻,中感纹枯病和赤霉病。较抗干热风,后期不早衰,熟相好。

产量表现与适种地区 1997年在江苏省淮北片区试中,平均折合单产8 194.5千克/公顷,比对照品种冀5418增产13.1%;生产试验平均折合单产7 038.9千克/公顷,比冀5418增产13.6%。1997年,扬州大学农学院在河南省武陟县种植0.68公顷,实收产量达到了9 189千克/公顷。1999年,徐州市3.3万公顷连片小麦单产7 539千克/公顷。该品种适宜在苏、皖北部和豫东、鲁南地区高肥水地栽培,2002年在江苏、安徽等省种植1.8万公顷。

栽培技术要点 徐州25号既具有半冬性小麦幼穗发育特点,越冬抗寒性较好,又具有弱春性品种春发性较好的优势,播期弹性较大,耐迟播能力较强。9月底至10月中下旬均可播种,最适播期为10月1~15日。适期播种的基本苗以150万~225万株/公顷为宜。施足底肥,严控返青肥,重施拔节肥。搞好内外三沟配套,降湿防渍。遇旱及早灌水抗旱,及时防治病虫草害。

(撰稿人:冯国华)

(八)淮麦16

品种来源 江苏省徐淮地区淮阴农业科学研究所以太谷核不育小麦为工具,采用轮回选择法育成。1998年和2001年分别通过江苏省农作物品种审定委员会和全国农作物品种审定委员会审定。

特征特性 半冬偏春性,熟期中等。幼苗半匍匐,叶色较淡,苗壮,拔节后两极分化快。分蘖力中等,成穗率高。株型较紧凑,底脚干净利索,叶片上冲,株高 80~85 厘米,茎秆强度一般。穗纺锤形,长芒,白壳,白粒。籽粒角质,饱满度好,商品性佳,千粒重 42~45 克,容重 810 克/升。中抗白粉病,中感叶锈病,赤霉病、纹枯病轻。熟相好。

产量表现与适种地区 2000 年,江苏省农垦局白马湖农场试种 266.7 公顷,平均单产 6 900 千克/公顷。该品种适宜在江苏省、河南省中部和安徽省北部水肥地中晚茬种植,单产 6 000~6 750 千克/公顷,已累计推广种植 20 余万公顷。

栽培技术要点 ①该品种播期幅度宽,10 月初至 11 月初均可播种,最适播期为 10 月 10~20 日,基本苗 180 万~240 万株/公顷。②底肥每公顷施尿素 300 千克、过磷酸钙 750 千克、钾肥(氯化钾或硫酸钾)225 千克;重施拔节孕穗肥,每公顷施尿素 187.5~225 千克,在拔节后期叶色转淡,捉黄塘施入;控腊肥和返青肥,穗期喷叶面肥。③冬前或冬后起身期喷施多效唑或壮丰安,以防倒伏。④及时防治病虫害,秋春干旱时注意防治麦蜘蛛和蚜虫,多雨年份注意防治纹枯病和赤霉病。

(撰稿人:顾正中)

(九)淮麦 18

品种来源 江苏省徐淮地区淮阴农业科学研究所选育而成,其杂交组合为豫麦 13/鲁麦 14,原名淮阴 9628。1999~2002 年,分别通过江苏省农作物品种审定委员会、河南省农作物品种审定委员会、全国农作物品种审定委员会、安徽省农作物品种审定委员会审定。2002 年被全国农业技术推广中心指定为 10 个重点推广的小麦品种之一。

特征特性 半冬性,抗寒性好,中早熟。幼苗茁壮,分蘖力强,成穗较多。株型紧凑,叶片上冲,剑叶挺。株高 85 厘米,抗倒性好。穗纺锤形,长芒,白壳,白粒,半角质。粗蛋白质含量 13.3%,

湿面筋含量28%，面团稳定时间9.5分钟。高抗白粉病，中抗纹枯病和叶枯病。

产量表现与适种地区 1998年参加黄淮冬麦区南片冬麦水地组区试，四省19个试点汇总，17个试点增产，平均折合单产5481千克/公顷，比对照品种豫麦21增产10.6%，居第二位；同年参加江苏省淮北片小麦区域试验，平均折合单产5377.2千克/公顷，比对照品种陕229增产18.3%。1999年参加黄淮冬麦区南片冬麦水地组区试，四省15个点汇总，点点增产，平均折合单产7234.5千克/公顷，比豫麦21增产17.0%，居第一位；同年参加江苏省淮北片小麦区域试验，平均折合单产7332.9千克/公顷，比陕229增产12.5%，参加小麦生产试验，平均折合单产6900千克/公顷，比陕229增产11%。2000年参加国家生产试验，10个试点汇总，7个试点增产，平均折合单产7069.5千克/公顷，比豫麦21增产6.2%，居第二位。该品种适宜河南省中北部、江苏省中北部、安徽省北部等地中、高肥力地早、中茬口种植。目前已在江苏、河南、安徽等省推广种植66.7万公顷。

栽培技术要点 ①播期幅度宽，10月初至10月中旬播种均可，最适播期为10月5～15日。②基本苗以180万～225万株/公顷为宜。③底肥施尿素375～450千克/公顷、过磷酸钙750千克/公顷、钾肥(氯化钾或硫酸钾)150千克/公顷，拔节孕穗期施尿素150千克 /公顷，穗期喷施叶面肥。④拔节后用粉锈宁防治锈病1次，抽穗至扬花期遇雨用多菌灵防治赤霉病2次。

(撰稿人：顾正中)

(十)淮麦20

品种来源 江苏省徐淮地区淮阴农业科学研究所选育而成，杂交组合为豫麦13/鲁麦14。2002年8月通过江苏省农作物品种审定委员会审定。

特征特性 半冬性,中熟。幼苗半匍匐,抗寒性好,分蘖力强,成穗率高。株型紧凑,长相清秀。株高85厘米左右,茎秆弹性好,抗倒伏性强。穗纺锤形,长芒,白壳,白粒,角质,千粒重40~45克。粗蛋白质含量13.7%,湿面筋含量28.8%,面团形成时间8.3分钟,稳定时间14.5分钟,断裂时间22分钟。高抗梭条花叶病,中抗白粉病和纹枯病,条锈病轻,中感赤霉病和叶锈病,耐湿性好,较抗穗发芽。

产量表现与适种地区 2000年参加江苏省淮北片小麦区试,平均折合单产7 106.6千克/公顷,比对照品种陕229增产8.4%,较徐州25增产6.7%,差异均达极显著水平。2001年在江苏省淮北片小麦区试中,平均折合单产7 686千克/公顷,较陕229增产12%,差异极显著。参加2002年生产试验,4个试点平均折合单产6505.5千克/公顷,比陕229增产11.9%,各试点均居第一位。2002年参加国家黄淮冬麦区南片区试,18个试点汇总,16个试点增产,1个试点平产,平均折合单产7 141.1千克/公顷,较对照品种豫麦49增产9.4%,差异极显著,居13个参试品种的第一位,推荐提前参加下年度生产试验。该品种适宜河南省中、北部,江苏省、安徽省淮北地区等地中、高肥力旱、中茬口栽培,2002年在江苏省种植8.3万公顷。

栽培技术要点 ①10月初至10月底播种均可,最适播期为10月5~15日。基本苗180万~195万株/公顷。②每公顷施钾肥(K_2O)150千克、磷肥(P_2O_5)97.5千克,作为底肥全部施入。全生育期每公顷施纯氮(N)262.5千克。其中底肥占45%,拔节孕穗肥占50%。在拔节后期,叶色转淡,捉黄塘施入。控制腊肥及返青肥,穗期注意喷施叶面肥。③冬前或冬后起身期若茎蘖数偏高,可喷壮丰安以防倒伏。④注意田间排水防渍害。拔节后用粉锈宁防治锈病1次。

(撰稿人:顾正中)

十、安徽省

(一)宿 9908

品种来源 1994年,安徽省宿州市农业科学研究所以郑州8329为母本、皖麦19为父本杂交,于1999年选育而成。2003年通过安徽省农作物品种审定委员会审定。

特征特性 半冬性,中早熟,比皖麦19早熟2天。幼苗半匍匐,苗势壮,叶宽厚,色深绿。春季起身略晚,两极分化快,抗春霜冻。株型紧凑,叶片上冲,穗层整齐。株高83厘米左右,茎秆坚韧,高抗倒伏。穗长方形,长芒,白壳,白粒。籽粒卵圆形,半角质,千粒重41克左右,容重800克/升以上。高抗叶锈病,中抗叶枯病,中感白粉病、赤霉病和条锈病。后期耐旱、耐高温、耐低温寡照,熟相好。

产量表现与适种地区 2001~2002年参加安徽省半冬性小麦组区试,两年平均折合单产7 581千克/公顷,比对照品种皖麦19增产4.8%,居第一位;2003年参加安徽省生产试验,平均折合单产5 803.5千克/公顷,比皖麦19增产4.7%,居第一位。同年参加黄淮冬麦区南片区试,平均折合单产7 111.5千克/公顷,比对照品种豫麦49增产3.6%。该品种适宜于安徽省淮北(含沿淮)和黄淮冬麦区南片麦区中等以上肥力地块种植。

栽培技术要点 淮北地区10月5~28日播种,基本苗180万~240万株/公顷。在施有机肥的基础上,每公顷施纯氮165~195千克(其中60%做底肥,40%拔节期追施),五氧化二磷90~120千克,氯化钾或硫酸钾120~150千克,做底肥一次施入。后期注意防治病虫害。

(撰稿人:程守忠)

(二)皖麦19

品种来源 安徽省宿州市农业科学研究所1988年选育而成，其组合为博爱7422/宝丰7228。1994年和1999年分别通过安徽省和全国农作物品种审定委员会审定。

特征特性 半冬性，中熟。幼苗半匍匐，色深绿，抗寒性较好。分蘖力中等，成穗率高。株高90厘米左右，茎秆有韧性，较抗倒伏。穗长方形，长芒，白壳，白粒，籽粒长卵圆形，半角质，千粒重40克左右，容重800克/升以上。粗蛋白质含量14.88%，湿面筋含量35.6%。高抗条锈病，抗叶锈病和白粉病，轻感纹枯病，中感赤霉病。

产量表现与适种地区 参加安徽省区试，1991年平均折合单产4 429.5千克/公顷，1992年折合单产7 087.5千克/公顷，分别比对照品种博爱7 422增产6%和4.2%。1993年参加安徽省生产试验，平均折合单产6 670千克/公顷，比博爱7422增产13.2%。参加黄淮冬麦区南片区试，1993年平均折合单产7 197千克/公顷，1994年平均折合单产6 481.5千克/公顷，分别比宝丰7228增产7.8%和8.4%。该品种适宜于安徽省淮北(含沿淮)、江苏省苏北及黄淮冬麦区南片麦区中等或偏上肥力地块种植，一般产量5 250～6 750千克/公顷。2002年在安徽、江苏等省种植36.9万公顷。

栽培技术要点 淮北地区10月5～25日播种，基本苗120万～180万株/公顷，不超过215万株。在施有机肥的基础上，每公顷施纯氮150～180千克(其中70%做底肥，30%拔节期追施)，五氧化二磷90～120千克，氯化钾或硫酸钾120～150千克，做底肥一次施入。拔节前喷多效唑防止倒伏，中后期注意防治病虫害。

(撰稿人:程守忠)

(三)皖麦38

品种来源 安徽省涡阳县农业科学研究所选育而成,其杂交组合为烟中144/85-15-9。1997年通过安徽省农作物品种审定委员会审定,1999年通过全国农作物品种审定委员会审定。该成果已获安徽省科技进步奖一等奖和2001年国家科技进步奖二等奖。

特征特性 半冬性,熟期中等。幼苗匍匐,株高80~85厘米,株型紧凑,叶片挺举,叶色深绿,蜡粉重。穗纺锤形,长芒,白壳,白粒,粒角质,千粒重40克左右。粗蛋白质含量14.2%,湿面筋含量36%~39.2%,面团稳定时间10.8~21分钟,100克面粉面包体积930厘米^3,面包评分93.6分。中抗白粉病、叶锈病和赤霉病,中感条锈病和纹枯病。

产量表现与适种地区 1996年参加黄淮冬麦区南片区试,折合单产7 576.5千克/公顷,比对照增产3%。1997年参加安徽省小麦区试,平均折合单产7 410千克/公顷,比对照增产4.2%。1998年参加黄淮冬麦区南片生产试验,虽为大灾之年,仍获得4 846.5千克/公顷的好收成,比对照增产15.2%。1999年在涡阳县单集林场试种2.5万公顷,单产7 149千克/公顷,其中4公顷单产达8 430千克/公顷。该品种适宜在皖、苏、豫沿淮、淮北地区栽培,2002年在安徽省种植18.7万公顷。

栽培技术要点 该品种单株成穗多,宜采用半精量播种。适期播种,中上等肥力地块基本苗以150万~225万株/公顷为宜。要施足底肥,追施拔节肥。返青期要根据群体大小及苗情适当控苗、蹲苗。稻茬田要注意及时防治纹枯病和白粉病。抽穗后要注意防治蚜虫。

(撰稿人:刘伟民)

(四)皖麦48

品种来源 安徽农业大学农学系选育而成,亲本组合为矮早781/皖宿8802。2002年7月通过安徽省农作物品种审定委员会审定。

特征特性 弱春性,成熟期同豫麦18。幼苗直立,分蘖力中等,成穗率高,株高80厘米左右。穗纺锤形,长芒,白壳,白粒,粉质,千粒重40克左右。容重790克/升,粗蛋白质含量11.23%,湿面筋含量23.3%,沉淀值13毫升,粉质仪吸水率54%,面团形成时间1.4分钟,稳定时间0.9分钟,最大抗拉伸阻力165E.U,延伸性16.3厘米,属弱筋小麦。综合抗性较好。

产量表现与适种地区 2001年参加安徽省淮北片春性组区试,平均折合单产7 572千克/公顷,较对照品种豫麦18增产9.2%,差异极显著,居参试品种第二位。2002年在安徽省淮北片春性小麦组区试中,平均折合单产6 447千克/公顷,较豫麦18减产0.02%,差异不显著。在生产试验中,平均折合单产5 895千克/公顷,较豫麦18增产2.9%,差异不显著,居参试品种第一位。2002年参加国家黄淮冬麦区南片春性小麦水地组区试,平均折合单产7 140千克/公顷,较豫麦18增产8.8%,达极显著水平,居参试品种第三位。2002年在安徽省固镇县示范种植6.7公顷,平均单产6 480千克/公顷。该品种适于沿淮及淮北地区中上等肥力地块种植。

栽培技术要点 适宜播期为10月中下旬。每公顷基本苗225万株左右。为了稳定饼干小麦品质,应调减底肥和追肥中氮肥的比例,一般底肥占70%~80%,返青肥占20%~30%,少施或不施拔节孕穗肥。生育后期宜喷施磷酸二氢钾。

(撰稿人:马传喜、姚大年)

(五)皖麦49

品种来源 安徽农业大学农学系选育而成,亲本组合为扬麦158/陕农167-6//安农90202。2002年7月通过安徽省农作物品种审定委员会审定。

特征特性 春性,成熟期同扬麦158。幼苗半直立,分蘖力中等,成穗率高,株高85厘米左右。穗纺锤形,长芒,白壳,白粒,半角质,千粒重42克左右。容重780克/升,粗蛋白质含量14.21%,湿面筋含量27.4%,沉淀值68毫升,粉质仪吸水率60.6%,面团形成时间2.9分钟,稳定时间13.7分钟,最大抗拉伸阻力580E.U,延伸性19.1厘米。抗叶锈病,中抗赤霉病和白粉病。

产量表现与适种地区 2001年参加安徽省淮南片区试,平均折合单产5 857.5千克/公顷,较对照增产8.9%,差异极显著,居参试品种第一位。2002年在安徽省淮南片区试中,平均折合单产5 740.5千克/公顷,较对照增产6.6%,差异极显著,居参试品种第一位。在生产试验中,平均折合单产5 311.5千克/公顷,较对照品种扬麦158增产13.6%,差异极显著,居参试品种第一位。2002年凤阳县方丘湖农场大面积示范种植,平均单产6 300千克/公顷。该品种适于沿淮及江淮地区中上等肥力地块种植。

栽培技术要点 适宜播期为10月下旬至11月上旬。每公顷基本苗225万株左右。施足底肥,严控返青肥,重施拔节肥。单产6 000千克/公顷田块,一般每公顷施纯氮225千克、五氧化二磷75千克、氧化钾150千克。氮肥中底肥占65%,拔节孕穗肥占35%。中后期开沟排水,防止渍害。

(撰稿人:马传喜、姚大年)

十一、湖 北 省

(一)鄂麦 15

品种来源 湖北省襄樊市农业科学院作物所采用阶梯式聚合杂交选育而成,其杂交组合为 882-852//鄂恩 1 号/Nppp-2/3/贵农 11,原名 94-5036。2000 年通过湖北省农作物品种审定委员会审定。

特征特性 半冬性偏春性,中熟,全生育期 195~200 天。幼苗半直立,苗期抗寒性好,株高 90~95 厘米,株型紧凑,剑叶中等大小。穗纺锤形,长芒,白壳,红粒,硬质,常年千粒重 41 克。粗蛋白质含量 14.06%,湿面筋含量 36.2%,粉质仪吸水率 60.42%。高抗条锈病和白粉病,中抗纹枯病,对赤霉病抗扩展力较强。熟相正常,较耐渍。

产量表现与适种地区 适种于湖北省及生态环境类似地区,尤其适宜鄂北高产麦区种植,表现良好的丰产性,单产水平在 6000 千克/公顷。2002 年在湖北省种植 2 万公顷。

栽培技术要点 ①适期早播,合理密植。中等肥力田块,每公顷基本苗 225 万株左右。②科学施肥,优质优法。重施底肥,中、后期补氮。每公顷施纯氮 150 千克,过磷酸钙 750 千克和适量钾肥做底肥;孕穗期追施尿素 75 千克;乳熟中期叶面喷施 0.6%的尿素溶液 1 次。③纹枯病发生较重的年份注意施药防治。④高肥水栽培条件下,起身拔节前施用多效唑、缩节胺等,控旺、促壮、防倒。

(撰稿人:陈桥生)

(二)鄂麦 20

品种来源 湖北省宜昌市农业科学研究所选育而成,组合是鄂恩1号选系-80-2/81-3-2//鄂恩1号/1097。2002年7月通过湖北省农作物品种审定委员会审定。

特征特性 春性,全生育期190天左右。幼苗生长直立,分蘖力强,成穗率中等。株高95厘米左右,株型松散,抗倒伏性一般。穗纺锤形,长芒,白壳,红粒,半角质,千粒重44克。容重805克/升,粗蛋白质含量13.46%,湿面筋含量28.1%,沉淀值22.9毫升,粉质仪吸水率56.9%,面团形成时间3.7分钟。条锈病、白粉病比对照轻,中抗纹枯病和赤霉病。后期熟相好。

产量表现与适种地区 2000年和2001年参加湖北省小麦区域试验,平均折合单产5046.9千克/公顷,比对照品种鄂恩1号增产5.2%,达极显著水平。2000~2002年在宜昌市试种0.5万公顷,单产4897.4千克/公顷,比鄂恩1号增产7.9%。2000年在秭归县两河口试种10.3公顷,单产5175千克/公顷,比对照品种绵阳319增产10.6%。2001年在长阳县贺家坪榔坪镇种植70.5公顷,比鄂恩1号增产7.5%;在点军区桥连边镇种植133.3公顷,单产4807.5千克/公顷,比对照增产6.3%。在宜昌、襄樊等地推广种植,其产量比当地主栽品种鄂麦1号增产5.2%,平均每公顷4500~5000千克。该品种适宜湖北省江汉平原北部及鄂北麦区种植。

栽培技术要点 ①适时播种。低山平原以10月28日至11月5日为最佳播种期,最迟不能晚于11月8日,海拔450~700米地区适当提前。②播种量以每公顷105~120千克为宜,要保证一播全苗。③科学施肥,增施磷、钾肥。在有条件的地方,底肥采用进口复合肥,追肥以尿素为好。每公顷施纯氮以150千克为宜。质地好、有机质含量较高的田块,氮肥的施用量可酌情减少,但每公顷不得低于112.5千克纯氮。底肥占施肥量的80%,追肥占20%,注意增加磷、钾肥的施用量。④加强田间管理,适时收获。田间要求做到能灌能排,雨住田干。春季要特别注意清沟排渍,防止倒伏。注意防治病虫害,重点防治条锈病和赤霉病。蜡熟末期,茎秆变黄、籽粒变硬时,要及时收割。

(撰稿人:向永淼、费甫华)

十二、黑龙江省

(一)龙麦26

品种来源 1989年,黑龙江省农业科学院作物育种研究所以多抗性突出的龙87-7129为母本、以丰产的克$88F_2$-2060为父本杂交,后代采用生态派生系谱法和生化标记相结合等手段选育而成,原代号为龙94-4083。2000年和2001年分别通过黑龙江省农作物品种审定委员会和全国农作物品种审定委员会审定。

特征特性 春性,中晚熟。幼苗半直立,株高90~95厘米,秆强且弹性较好,旗叶上举。穗纺锤形,有芒,白壳,粒色深红,角质率高,千粒重35~38克,容重800~820克/升。粗蛋白质含量17%,湿面筋含量43.2%,沉淀值59.3毫升,面团形成时间7.5分钟,稳定时间和断裂时间超过25分钟,最大抗拉伸阻力610E.U,100克面粉面包体积850厘米^3。含高分子量麦谷蛋白亚基2^*,7+9,5+10。高抗秆锈病、叶锈病、赤霉病和根腐病,中抗穗发芽。后期耐湿性好,熟相好。

产量表现与适种地区 1997~1998年参加黑龙江省区域试验,平均折合单产3 471.7千克/公顷,比对照品种增产8.9%。1999年参加黑龙江省生产试验,平均折合单产3 201千克/公顷,比对照品种增产6.9%;大面积生产平均单产为3 000~3 500千克/公顷。该品种主要适宜在黑龙江省北部、东部麦产区、内蒙古自治区东四盟、吉林省北部及新疆维吾尔自治区的北疆等地栽培,2002年在黑龙江省、内蒙古自治区种植18.1万公顷。

栽培技术要点 以宽苗带播种，每公顷保苗以630万～645万株为宜。一般每公顷施纯氮75～90千克、磷(P_2O_5)60～75千克、钾(K_2O)22.5千克。

（撰稿人：辛文利、肖志敏）

（二）龙辐麦10号

品种来源 黑龙江省农业科学院作物育种研究所以克87-183的幼胚为外植体，进行组织培养，并经根腐病菌毒素细胞筛选后选育而成。2000年通过黑龙江省农作物品种审定委员会审定。

特征特性 春性，晚熟，全生育期92天。幼苗半匍匐，分蘖力强，株高100厘米，秆强抗倒伏。穗纺锤形，有芒，黄壳，千粒重45克左右。粗蛋白质含量17%，湿面筋含量37.2%，干面筋含量12.6%，沉淀值为60毫升。对秆锈病免疫，高抗叶锈病，抗根腐病，赤霉病轻。生育前期抗旱性强，后期耐湿性好。

产量表现与适种地区 1993～1995年参加本所产量鉴定，折合单产5 127.4千克/公顷，比对照品种新克旱9号增产10.5%。黑龙江省19个点次的2年异地鉴定，折合单产4 365.5千克/公顷，比新克旱9号增产12.7%。1999年在黑龙江省富锦县试种95公顷，单产5 127.5千克/公顷，比对照品种增产10.5%。2000年在五大连池试种158公顷，单产6 780千克/公顷，比当地对照品种增产15%。该品种适宜在黑龙江省栽培，2002年在黑龙江省种植0.9万公顷。

栽培技术要点 秋翻、秋耙、秋施肥。每公顷施化肥300千克左右，氮磷比为1.1:1。每公顷保苗500万～550万株。三叶期视土壤墒情压青苗1～2次。用化学除草剂灭草1次。适时收获。

（撰稿人：王广金）

(三)龙辐麦12

品种来源 黑龙江省农业科学院作物育种研究所利用1.5万Rad γ射线照射加拿大优质面包麦佳5后系选育成,原品系代号龙辐97-0189。2003年通过黑龙江省农作物品种审定委员会审定。

特征特性 春性,中早熟,生育期85天左右。幼苗半直立,发育缓慢。株高90厘米左右,秆强,有弹性,抗倒伏。穗纺锤形,无芒,白壳,红粒,角质,千粒重34克左右,容重800克/升以上。粗蛋白质含量17.3%~19%,湿面筋含量39%~48.5%,沉淀值53.6~67.8毫升,粉质仪吸水率62%~64.4%,面团形成时间5~9分钟,稳定时间14~30.5分钟,最大抗拉伸阻力458~612E.U,延伸性19~21厘米。对秆锈病免疫,高抗叶锈病,抗赤霉病和白粉病,根腐病较轻。抗旱能力甚强,2001年黑龙江省和内蒙古自治区等地遭到百年不遇大旱,在同等条件下,该品系较野猫等同熟期品种增产50%~100%。口较紧,不易落粒,籽粒休眠期长,抗穗发芽。

产量表现与适种地区 1998~1999年产量鉴定,平均折合单产4216.5千克/公顷,较对照品种垦红14增产8.9%。2000年在黑龙江省荣军农场试种40公顷,单产4465.2千克/公顷,比对照品种增产8.5%;在克山农场试种20公顷,单产4520.3千克/公顷,比对照品种增产9.2%。2001年在嫩江农场试种60公顷,单产4630.5千克/公顷,比对照品种增产9%;在图里河试种45公顷,单产4710.8千克/公顷,比对照品种增产8.6%。该品种适宜在黑龙江省和内蒙古自治区东部种植。

栽培技术要点 秋(伏)翻,秋(伏)整地。在每公顷施纯氮(N)180千克、磷(P_2O_5)150千克、钾(K_2O)45~75千克的总施肥量下,秋施总肥量的2/3,播种时再施1/3。测土施肥,施用磷素活化剂。为了防治真菌病害,可种子包衣或用拌种霜等拌种。每公顷保苗450万~500万株。三叶期根据苗势和土壤状况压青苗1~2次。化学除草。开花期叶面喷施尿素和磷酸二氢钾,可提高产量和改善品质。注意防治蚜虫、草地螟和粘虫。适时收获。

（撰稿人:王广金）

（四）克丰10号

品种来源 1990年黑龙江省农业科学院小麦研究所以克旱12(克82R-75)为母本、克89$RF_6$287为父本杂交,进行系谱法选择,经南繁增代,于1995年决选,原代号为克95R-498。2003年通过黑龙江省农作物品种审定委员会审定。

特征特性 春性,中晚熟,全生育期90天左右。幼苗丛生,分蘖力强,叶色灰绿,叶片宽厚,株型收敛,旗叶上举。株高95~100厘米,秆强。穗纺锤形,短芒,黄壳,红粒。籽粒角质率高,千粒重35.5克,容重793.4克/升,粗蛋白质含量15.35%,湿面筋含量34%,沉淀值62.5毫升,面团形成时间4分钟,稳定时间15.2分钟,最大抗拉伸阻力530E.U,延伸性18厘米,拉伸面积125.3厘米^2。高抗秆锈病菌$21C_3$,$34C_2$等多个生理小种,抗自然流行的叶锈病,根腐病、赤霉病轻。前期抗旱,后期耐湿性强,活秆成熟,落黄好。

产量表现与适种地区 该品种自决选以来,连续4年产量鉴定表现突出,而且年度间相对稳定。1996年折合每公顷产量为5460.8千克,较新克旱9号增产15.6%;1997年折合每公顷产量为5263.9千克,较新克旱9号增产8.9%;1998年折合每公顷产量为6023.5千克,较新克旱9号增产16.8%;1999年折合每公顷产量为4111.11千克,较新克旱9号增产10.9%:4年平均折合每公顷产量5214.8千克,平均较新克旱9号增产12.9%。2000年参加黑龙江省区域试验,在遭遇干旱、小麦普遍减产的情况下,平均折合每公顷产量3241.4千克,较新克旱9号增产7.7%。2001

年继续试验,平均折合每公顷产量 3 652.5 千克,较新克旱 9 号增产 11.9%。2002 年参加黑龙江省生产试验,平均折合每公顷产量 4 573.3 千克,较新克旱 9 号增产 11.4%;同年在克山农场试种 66.7 公顷,平均单产 6 172.5 千克/公顷。该品种适宜在黑龙江省及内蒙古自治区东四盟的部分地区中等或中等以上肥力地块种植。

栽培技术要点 由于该品系前期抗旱性和耐瘠性好,后期耐湿性强,对栽培条件要求不严格。

(撰稿人:邵立刚)

(五)克旱 16

品种来源 1988 年,黑龙江省农业科学院小麦研究所以九三 79F_5-5416/克 80 原 229//克 76-750/克 76F_4-779-5 为母本、以自己创造的适应当地条件的骨干亲本克 76-413 为父本杂交,然后进行系谱法选择,于 1994 年选育而成,原代号为克 97-407。2000 年通过黑龙江省农作物品种审定委员会审定。

特征特性 春性,中晚熟。茎秆粗壮,抗倒伏能力强。穗纺锤形,无芒,白壳,红粒。千粒重 40 克左右,粗蛋白质含量 16.17%,湿面筋含量 36.6%,沉淀值 46.2 毫升,粉质仪吸水率 67.7%,面团形成时间 2.75 分钟,稳定时间 3.5 分钟。抗秆锈病和自然流行的叶锈病,根腐病、赤霉病轻。

产量表现与适种地区 1995~1996 年连续两年在本所进行产量鉴定试验,平均折合每公顷产量 6 270.8 千克,较对照品种新克旱 9 号增产 23.9%。1996 年参加异地产量鉴定试验,平均折合每公顷产量 5 249.3 千克,比新克旱 9 号增产 13.2%。1997~1998 年参加黑龙江省区域试验,平均折合每公顷产量 4 576.2 千克,较新克旱 9 号增产 9.6%。1999 年参加黑龙江省生产试验,平均折合每公顷产量 3 673 千克,较新克旱 9 号增产 10.8%。1998 年在黑龙江省富锦市长安镇靖安村种植 0.94 公顷，单产为 5 710 千克/公顷；在逊克县种植 2 公顷，单产 6 000 千克/公顷。1999 年，在严重干旱的情况下，富锦市长安镇种植 2 公顷，单产 6 000 千克/公顷；富锦市西安镇宋家店村种植 3.5 公顷，单产 4 500 千克/公顷。该品种适宜在黑龙江省及内蒙古自治区东四盟的部分地区种植。

栽培技术要点 该品种适宜中等肥力条件下种植，每公顷保苗以 600 万 ~ 650 万株为宜。

（撰稿人：邵立刚）

（六）垦九 9 号

品种来源 黑龙江省农垦总局九三农业科学研究所以西引一号/九三 80-41123-7-3 为母本与多父本杂交选育而成，原代号九三 91-3U92。2002 年 12 月通过全国农作物品种审定委员会审定。

特征特性 春性，晚熟，全生育期 91 天。苗期匍匐，生长缓慢，叶深绿色，分蘖力强。株高 100 厘米左右，秆强。穗纺锤形，稀植时棍棒形，有芒，白壳，红粒，千粒重 40 克左右，角质率 92% 以上。粗蛋白质含量 16%，湿面筋含量 37.5%，沉淀值 38.8 毫升，面团稳定时间 3 分钟。综合抗病性好，对秆锈病免疫，高抗叶锈病，中抗根腐病。前期抗旱，后期耐湿热，成熟落黄好。

产量表现与适种地区 1997 年在黑龙江省建边农场种植 50 公顷，平均单产 6 300 千克/公顷。1999 年在内蒙古拉布大林农场生产示范 666.7 公顷，虽遭遇干旱危害，平均单产仍达 4 300.5 千克/公顷，比新克旱 9 号每公顷增产 408 千克；同年在内蒙古特尼河农牧场种植 266.7 公顷，平均单产 4 890 千克/公顷，比呼麦 5 号每公顷增产 352.5 千克；在牙克石廿四农场种植 266.7 公顷，平均单产 4 110 千克/公顷，比新克旱 9 号每公顷增产 424.5 千克。2000 年在内蒙古兴安盟伊尔镇种植 46.7 公顷，平均单产 5 400 千克/公顷。该品种适宜在黑龙江省及内蒙古自治区的东四盟种植。

栽培技术要点 适宜在土壤肥力中等以上的岗平地、平地种植，最好选用大豆茬。采用秋耙、秋整地，每公顷保苗550万株，施化肥300千克，氮(N)磷(P_2O_5)钾(K_2O)比为1∶1∶0.3。4月中旬播种，播后及时镇压，压青苗1～2遍。化学除草，适时收获。

（撰稿人：李慧英、孙作凤）

（七）垦红14

品种来源 黑龙江省农垦总局红兴隆农业科学研究所选育而成，其组合为钢82-122/东农120，原代号钢91-46。1997年通过黑龙江省农作物品种审定委员会审定。

特征特性 春性，中早熟，全生育期84天左右。苗期健壮，根系发达，株高95～100厘米，秆强抗倒伏。穗纺锤形，长芒，白壳，籽粒卵形，红色，千粒重32～35克，容重800克/升左右。粗蛋白质含量17.91%～20.19%，湿面筋含量40.73%～46%，沉淀值40.2～46.3毫升，面团形成时间7～9分钟，稳定时间12～12.5分钟，100克面粉面包体积875厘米^3，面包评分90.5～93分。含高分子量麦谷蛋白亚基1,7+9,5+10。抗秆锈病和叶锈病，中抗赤霉病和根腐病。

产量表现与适种地区 1992～1996年5年25点次的各类产量试验(包括产量鉴定试验、区域试验和生产试验)，平均折合单产3496.5千克/公顷，较对照品种垦红9号增产5.8%。1996年黑龙江省友谊农场种植45公顷，平均单产4323千克/公顷，较新克旱9号增产16.1%。1997年黑龙江省建三江农管局科研所种植46.7公顷，平均单产4827千克/公顷；同年黑龙江省五九七农场在灌溉条件下种植30公顷，平均单产5316千克/公顷。该品种适宜在黑龙江东部麦区中等以上肥力土壤上种植，但在黑龙江省其他麦区及内蒙古自治区东部地区也有大面积栽培，2002年在黑龙江省种植0.7万公顷。

栽培技术要点 黑龙江省3月下旬至4月上旬种植。每公顷保苗650万株。施肥方式最好是底肥、种肥和后期叶面追肥相结合。采用种子精选和种衣剂包衣,合理密植,适时灌溉,适期收获。

(撰稿人:贾志安)

十三、吉 林 省

小冰麦33

品种来源 东北师范大学与吉林省农业科学院以异源八倍体小冰麦中1为母本、普通小麦7428-4-4为父本进行有性杂交、回交,获得二体异附加系468,继而从468中选择到自然易位系468-6-7再与普通小麦新曙光1号杂交,后通过系统选育而成。1995年1月通过吉林省农作物品种审定委员会审定。

特征特性 春性,出苗至成熟84天左右。株高95厘米。穗纺锤形,长芒,红壳,红粒,千粒重42~44克。粗蛋白质含量19.1%,沉淀值69.8毫升。田间自然发病条件下,轻感根腐病和白粉病。

产量表现与适种地区 1998~1989年参加吉林省小麦新品种预备试验,2年平均折合每公顷产量3 004.7千克,比对照品种丰强3号增产10.2%。1990~1992年参加吉林省区域试验,5个点次平均折合单产3 175.5千克/公顷,比丰强3号增产6.2%。1993~1994年参加吉林省生产试验,5个点次平均折合单产3 267.8千克/公顷,比丰强3号增产约6%。该品种适宜在吉林省东部、中部、西部洼地、两江沿岸及黑龙江省中部地区栽培,2002年在吉林省种植0.7万公顷。

栽培技术要点 耕地要秋翻、春耙。在吉林省一般3月下旬播种,最迟不超过4月5日。种植密度每公顷保苗600万株。每公顷用磷酸二铵 150 千克、硝铵 250 千克,混拌均匀做种肥。三叶期注意灭草。生育后期要及时防治粘虫、鸟害。成熟时及时收获,以保证籽粒质量。

(撰稿人:何孟元、卜秀玲)

十四、辽 宁 省

辽春 13

品种来源 辽宁省农业科学院作物研究所育成的,其杂交组合是 6005/铁 L8013。1999 年通过辽宁省农作物品种审定委员会审定。

特征特性 春性,早熟,在辽宁省全生育期 80 天左右。幼苗直立,叶色深绿,剑叶上举,株型紧凑。株高 80~85 厘米,秆强,高抗倒伏。穗纺锤形,长芒,白壳,红粒,每穗结实 30 粒左右,千粒重 38~40 克。粗蛋白质含量 14.9%,湿面筋含量 35.9%,沉淀值 42.8毫升,面团稳定时间 8 分钟。含高分子量麦谷蛋白亚基 1,17+18,5+10。轻感叶锈病和白粉病,耐干热风,成熟时熟相好。

产量表现与适种地区 在区域试验中,平均折合每公顷产量 6 042 千克;在生产试验中,折合每公顷产量 5 761 千克。2000 年,辽宁省喀喇沁左翼蒙古族自治县种植 20 公顷生产示范田,平均单产 6 750 千克/公顷。该品种适宜在辽宁省、吉林省、黑龙江省西部、内蒙古自治区(赤峰、哲盟、巴盟)、河北省北部、宁夏回族自治区北部等地栽培,2002 年在辽宁省种植 0.7 万公顷。

栽培要点 在水浇地栽培,一般保苗 675 万株/公顷。播种时要施种肥,三叶期及时追肥,各生育时期要及时灌水。及时防治蚜虫、粘虫,成熟时及时收割,防止落粒。

(撰稿人:翟德绪)

十五、内蒙古自治区

(一)巴丰1号

品种来源 内蒙古自治区巴彦淖尔盟农业科学研究所采用非配子融合育种技术育成,其受体为永良4号,供体为河套3号、中宁9711两个小麦品种和一个小黑麦品种833的混合花粉匀浆,原品系代号92-14。1999年通过内蒙古自治区农作物品种审定委员会审定。

特征特性 春性。幼苗直立,株高78~82厘米。穗宝塔形,白壳,红粒,硬质,千粒重42~49克,容重800~810克/升。粗蛋白质含量14.3%,湿面筋含量31.8%,沉淀值35.8毫升,馒头评分81分,面条评分89.1分。抗根腐病能力强,中感叶锈病。

产量表现与适种地区 1997年在内蒙古自治区杭锦后旗光荣乡高丰四社试种0.9公顷,单产8 700千克/公顷。1998年在内蒙古自治区乌拉特前旗黑柳子乡试种2.5公顷,单产7 395千克/公顷。多年试验、示范,单产水平在7 140~8 670千克/公顷,比永良4号增产6.8%~14.9%。该品种适宜在内蒙古自治区河套平原、土默川平原及大兴安岭岭北、岭西地区有灌溉条件的水浇地及降水量充足的旱作区种植。

栽培技术要点 清种、套种均可,播种量570万~630万粒/公顷,成穗数600万~675万/公顷。种肥用磷酸二铵225~270千克/公顷,追肥施尿素225~307.5千克/公顷。及时防治蚜虫。

(撰稿人:张铁山、张建成)

(二)巴优1号

品种来源 内蒙古自治区巴彦淖尔盟农业科学研究所育成,

其杂交组合为冀84-5418/宁春4号,原品系代号96-4870。2002年通过内蒙古自治区农作物品种审定委员会审定。

特征特性 春性,中熟,全生育期90天。幼苗直立,分蘖力较强,叶片中宽适中,旗叶斜上举微弯。株高83厘米,茎秆坚实弹性好。穗纺锤形,长芒,白壳,白粒。籽粒硬质,千粒重49克,容重780~800克/升。粗蛋白质含量14.4%~15.7%,湿面筋含量29.6%~39.8%,沉淀值42~47毫升,面团稳定时间7.5~25.5分钟,100克面粉面包体积780~810厘米^3。高抗条锈病和秆锈病,中度感染叶锈病,后期耐高温能力较强。

产量表现与适种地区 2001年在内蒙古自治区杭锦后旗三道桥示范种植0.13公顷,平均单产8 595千克/公顷;在内蒙古自治区农科所试种6.7公顷,平均单产7 050千克/公顷。经多年示范试种,一般单产6 700~7 500千克/公顷,高产地块超过8 300千克/公顷,比永良4号增产8%左右。该品种适宜在西北春麦区、北部春麦区有灌溉条件或降水量充足的地区春播种植。

栽培技术要点 适合清种和套种。一般要求基本苗570万~600万株/公顷,收获穗数600万~630万/公顷。在施足底肥的基础上保证种肥和追肥。中后期忌灌深水,以保证品质。

(撰稿人:张铁山、张建成)

(三)巴麦10号

品种来源 内蒙古巴彦淖尔盟农业科学研究所以宁夏永良小麦繁育所的高代品系永2070为母本、本所选育的高代品系82170-1为父本杂交选育而成。2002年通过内蒙古自治区农作物品种审定委员会审定。

特征特性 春性,早熟,全生育期82~85天,比当地推广品种永良4号提早成熟5~6天。幼苗直立健壮,叶色浓绿,个体发育健壮,株高73~76厘米,株型紧凑,叶片上冲,穗茎较长。穗纺锤形,长芒,白壳,白粒。籽粒卵圆形,角质率>90%,千粒重38~45克,容重780~800克/升。粗蛋白质含量14.8%,湿面筋含量38.8%,沉淀值38.5毫升,降落值273秒,面团形成时间9.5分钟,稳定时间11分钟,100克面粉面包体积805厘米^3,面包总评分86分。含高分子量麦谷蛋白亚基1,7+9,5+10。高抗秆锈病和条锈病,中感叶锈病,中抗白粉病和赤霉病。前期生长慢,后期灌浆速度快,成熟落黄好,抗青枯早衰。

产量表现与适种地区 1998年在内蒙古自治区杭锦后旗查干乡试种13.3公顷,单产7 285.5千克/公顷,比永良4号增产5.7%。1999年在内蒙古自治区五原县胜丰乡胜丰大队试种20公顷,单产6 150千克/公顷,比永良4号增产2.7%。经多年多次试验、示范及大面积推广种植,一般丰产田单产6 300~6 900千克/公顷,低产田单产2 700~3 900千克/公顷,较当地推广品种永良4号平均增产3.5%~10%。该品种特别适宜在内蒙古自治区巴盟河套黄灌区、冶山井灌区、呼和浩特市和包头市土默川平原井灌区推广种植。

栽培技术要点 ①适时早播。在巴彦淖尔盟黄灌区以春分前后播种为宜,以充分发挥其根系发达、耐湿性强和分蘖力强的优点。②密度适宜。适期播种以保苗600万株/公顷为宜,即播种量300~330千克/公顷,且肥地少播,瘦地适当增加。③施肥应以农家肥为主,结合增施磷肥。种肥用磷酸二铵,以225千克/公顷为宜,结合浇头水重施分蘖肥,以施尿素300千克/公顷为宜。全生育期浇3~4次水。后期注意防虫、灭草,及时收获。

(撰稿人:张铁山、张建成)

(四)赤麦5号

品种来源 内蒙古自治区赤峰市农业科学研究所1986年以文革1号为母本,克76条295为父本,进行人工有性杂交,后代采用系谱法选育而成,原代号赤94-5。2002年1月通过内蒙古自治区农作物品种审定委员会审定。

特征特性 春性,中早熟,生育期90天左右。幼苗习性直立,叶片灰绿色,有蜡质,叶耳紫色,分蘖力强,根系发达,株型紧凑,全株8片叶,抽穗后旗叶轻度弯曲。株高95-100厘米,茎秆强壮,基部茎秆壁较厚,抗倒伏。穗纺锤形,长芒、白壳、红粒、硬质,千粒重38.7克,容重707克/升,角质率93%。粗蛋白质含量15.51%,湿面筋含量35.2%,沉淀值35.6毫升。中抗叶锈菌1号、2号、3号生理小种及洛10类小种群;对秆锈菌生理小种$21C_3$、34、$34C_2$、$34C_3$均表现高抗或免疫。落黄好,不青枯,不早衰。

产量表现与适种地区 1995~1997年参加赤峰市区域试验,3年16个点次平均折合单产4 455.6千克/公顷,比赤麦2号增产6.7%。1997~1998年参加赤峰市生产示范,2年9个点次平均折合单产4 791千克/公顷,比赤麦2号及辽春9号平均增产8.4%。该品种适宜在内蒙古自治区东部平原高肥水地块春播及旱肥二阴地夏播种植。

栽培技术要点 春播以清明前后播种为宜,适时早播有利于促进幼穗分化,从而提高结实率,达到增产之目的。要求基本苗570万~600万株/公顷,栽培上应采取"一促到底"的措施。夏播以5月20日左右播种为宜,栽培上采取巧施种肥,结合降雨追肥,及时收获等措施。

(撰稿人:曲文祥、谭丽萍)

(五)蒙麦28

品种来源 内蒙古自治区农业科学院作物研究所与宁夏回族自治区农科院作物研究所合作经异地筛选鉴定、穿梭选育而成,其组合为永良4号/中7606/4/叶考拉/斗地1号/3/宏图/西特·赛洛斯//宏图。1997年通过内蒙古自治区农作物品种审定委员会审定。

特征特性 春性。株高87厘米左右,抗倒伏。穗纺锤形,长芒,白壳,白粒。千粒重40~42克,容重803克/升,出粉率72.9%。粗蛋白质含量15.2%,湿面筋含量33.6%,沉淀值34.5毫升,面团稳定时间10分钟,100克面粉面包体积795厘米^3,面包评分90分。抗白粉病和根腐病,较抗叶锈病、条锈病、散黑穗病和青枯早衰。

产量表现与适种地区 1993年参加内蒙古自治区春小麦联合攻关区试,12个点次平均折合单产5 076千克/公顷,其中中西部10个点次平均折合单产5 700~6 150千克/公顷,比对照增产8.3%。在3年生产示范中,21个点次平均单产5 034千克/公顷,最高单产7 545千克/公顷,比对照增产9.6%。内蒙古自治区农业科学院农场两年种植4.2公顷,单产6 210~6 750千克/公顷。该品种适宜在内蒙古自治区巴彦淖尔盟、鄂尔多斯市、土默特左旗、呼和浩特市、呼伦贝尔盟、赤峰市翁牛特旗以及山西省和宁夏回族自治区的部分地区种植。

栽培技术要点 在有灌溉条件的中、上等肥力的地块种植,要求地势平坦,无盐碱,秋翻冬灌。每公顷施农家肥30 000千克或压碳酸氢铵750千克做底肥。每公顷播量300~337.5千克。若没有施底肥可带种肥(磷酸二铵225千克/公顷),采用种、肥分层播种机播种。在三叶期浇好第一水,并随水追施尿素225~300千克/公顷。浇水后2~3天喷化学除草剂灭草或人工锄草。后期注意防治病虫害,成熟后及时收获。

(撰稿人:于美玲)

十六、宁夏回族自治区

(一)宁J 210

品种来源 宁夏回族自治区农林科学院农作物研究所利用PH17//斯汤佩里//84B179"r"杂交组合,经系谱法选择培育而成。2002年12月通过全国农作物品种审定委员会审定。

特征特性 春性,生育期98天左右。幼苗生长茁壮,叶色浓绿,叶片呈半披散状,株高90厘米左右,株型紧凑。穗纺锤形,长芒,白壳,每穗小穗数15~18个,千粒重42.5~50.1克,容重789.5克/升,粗蛋白质含量14.99%~15.21%,湿面筋含量31.6%~33.6%,沉淀值39.2~40毫升,粉质仪吸水率66.6%,面团形成时间3分钟,稳定时间3.6~5.3分钟。抗锈病和白粉病,中抗赤霉病,灌浆快,耐青干。

产量表现与适种地区 1995年参加品种比较试验,较对照品种宁春4号增产9.4%。1998~1999年参加宁夏回族自治区灌区良种区域试验,两年平均产量较宁春4号增产4.7%。1999~2000年参加国家春小麦区域试验,1999年在共计20个试点中,有13个试点增产、7个试点减产,平均较对照增产4.8%;2000年在21个试点中,14个试点增产、7个试点减产,平均较宁春4号增产1.8%,两年产量平均位居第一。2001年参加国家春麦区生产示范试验,在宁夏引黄灌区和西北春麦区较宁春4号增产6.3%。该品种适宜在宁夏回族自治区灌区、内蒙古自治区西部、甘肃省、青海省、新疆维吾尔自治区和陕西省北部中高肥水地种植。

栽培技术要点 ①合理密植。每公顷播量600万粒左右,保苗540万~570万株。②重施底肥,巧施追肥。头水早的地区,由于幼苗尚小,可适量少施,浇二水时再适当补追,这样可提高肥效,有效促进前期幼苗生长。③全生育期适时灌水3~4次。④及时防治蚜虫。

（撰稿人：魏亦勤）

（二）宁春33

品种来源 宁夏回族自治区永宁县小麦育种繁殖所以石鉴11//京741/乐繁1复合杂交，经多年北育南繁系谱法定向选育而成，原代号永920。2002年2月通过宁夏回族自治区农作物品种审定委员会审定。

特征特性 春性，中熟，生育期99天。幼苗半直立，生长繁茂，叶色浓绿，叶片中宽略披，株型中紧，株高85~95厘米，茎秆细韧，抗倒伏力中等。穗纺锤形，每穗17~19个小穗，长芒，白壳，白粒。籽粒长卵圆形，硬质，黑胚少，千粒重45克，容重816克/升。粗蛋白质含量14.97%~15.38%，赖氨酸含量0.38%，湿面筋含量30.1%~31.82%，干面筋含量12.04%，沉淀值36.5毫升，粉质仪吸水率67%。对条锈病免疫，中抗白粉病，中感叶锈病。落黄较好，耐青干。

产量表现与适种地区 1997~1998年参加宁夏回族自治区区试，2年平均增产5.7%。其中1997年8个试点全部增产，平均折合单产7866千克/公顷，比宁春4号增产9.4%，差异极显著；1998年在6个参试点中，5个点比宁春4号增产，平均折合单产7815千克/公顷，比宁春4号增产2.1%。1999年在中宁县良种场进行生产试验，每公顷折合产量7000.5千克，比宁春4号增产5%。2000年在本所进行生产试验，折合单产8380.5千克/公顷，比宁春4号增产8.1%。2001年在平罗、永宁进行生产试验，分别折合单产6556.6千克/公顷和8284.5千克/公顷，分别比宁春4号增产3.8%和2.5%。银川市农技推广站2000年在贺兰四十里店麦套玉米6.7公顷，单产6075千克/公顷，比宁春4号增产5.9%。永

宁县种子公司2001年在永宁麦套玉米0.47公顷，单产6 550.5千克/公顷，比宁春4号增产6.2%。1999～2001年甘肃省张掖地区农科所示范种植46.7公顷，产量比宁春4号和2014增产5%以上。该品种适宜于宁夏回族自治区灌区中下至中上肥力地块及宁南山区水浇地种植。

栽培技术要点 ①2月下旬至3月中旬播种，单种每公顷保苗540万～570万株；套种（“三七带”，麦带1.5米，玉米带0.6～0.65米）保苗465万～495万株。②施足底肥（秋施肥），增施农家肥45 000～75 000千克/公顷；早追肥，总施纯氮（N）240～270千克/公顷、磷（P_2O_5）105～135千克/公顷，约折合尿素450千克/公顷、磷酸二铵262.5千克/公顷。③早灌头水（4月25～30日），旺苗勒二水，全生育期灌水3～4次，后期灌水应注意避开风雨天气，防止倒伏。④播前清除老埂、渠边、田边的多年生杂草，根据测报及时防治蚜虫，适时收获，防止穗发芽。

（撰稿人：裘志新）

十七、甘 肃 省

（一）陇春20

品种来源 甘肃省农业科学院粮食作物研究所以832-748为母本、0103（引自CIMMYT）为父本杂交，经系谱法选育而成，原代号92J46。2001年通过甘肃省农作物品种审定委员会审定。

特征特性 春性，中早熟，全生育期95～108天。幼苗直立，株型紧凑，分蘖成穗率高，穗层整齐。株高81～112厘米。穗纺锤形，长芒，白壳，籽粒长椭圆形，半角质，千粒重35.7～46.1克。粗蛋白质含量13.64%，赖氨酸含量0.52%，沉淀值40毫升，面包评分93.2分，馒头评分90.7分，面条评分92.5分。苗期、成株期对条锈菌条中25号、29号、30号小种免疫，对条中31号小种中感。抗叶枯，属抗旱型品种。

产量表现与适种地区 1993～1995年参加旱地品种比较试验，平均折合单产813～3 750千克/公顷，较对照品种定西24增产4%～18.9%。1996年参加水地春小麦品种比较试验，折合单产5 544千克/公顷，较对照品种高原602增产0.5%。1998～2001年参加甘肃省水地春小麦区域试验，在3年14点次的试验中，平均折合单产5 299.5千克/公顷，较对照品种陇春15增产2.8%，居14份参试材料的第三位。1999～2001年参加甘肃省旱地春小麦区域试验，在3年10点次的试验中，平均折合单产1 533千克/公顷，较对照品种定西35增产9.1%，居6份参试材料的第二位。该品种适宜在甘肃省中部、宁夏回族自治区干旱、半干旱地区及部分不保灌地区推广种植。目前已在甘肃省和宁夏回族自治区示范种植3.3万公顷。

栽培技术要点 ①适时播种，合理密植，密度以525万株/公顷左右为宜。②在增施农家肥的基础上，每公顷施磷酸二铵150千克，尿素120千克，施深10厘米；苗期结合浇头水视苗情追施尿素75～120千克；扬花至灌浆期喷施磷酸二氢钾1～2次。③及时灌水，三叶一心期浇头水，以后根据生长需要和土壤墒情及时浇水。

（撰稿人：杨文雄）

（二）陇春21

品种来源 甘肃省农业科学院粮食作物研究所，从太谷核不育小麦材料组建的“综合群体II”中选择103号可育株的花药进行离体培养后选育而成的，原品系号93兰6-2。2001年通过甘肃省农作物品种审定委员会审定。

特征特性 春性，中熟，全生育期92～107天。株高77～95

厘米，茎秆粗壮，抗倒伏。穗长方形，顶芒，白壳，红粒。籽粒角质，千粒重40.1～48.8克，容重694～797克/升。粗蛋白质含量16.13%，赖氨酸含量0.5%，湿面筋含量34.1%，沉淀值33.9毫升。苗期对条锈病混合菌种感染，成株期对当前主要流行小种条中31号、32号、Hy-4、Hy-7以及混合菌种表现高抗。

产量表现与适种地区 在甘肃省区域试验中，3年15点次平均折合单产5811千克/公顷，较对照品种增产3.4%，居参试品种第一位。在渭源县大面积生产示范中，平均单产4875千克/公顷，较当地主栽品种增产11.4%；在永靖县大面积生产中，平均单产4335千克/公顷，较当地主栽品种增产17.9%。该品种适宜在甘肃省临夏、渭源、兰州等地种植。

栽培技术要点 ①施足底肥，巧施追肥。在增施农家肥的基础上，每公顷施磷酸二铵150～225千克、尿素120～180千克，施深10厘米；苗期结合浇头水视苗情追施尿素75～120千克；扬花至灌浆期喷施磷酸二氢钾1～2次。②适时播种，合理密植。春季日平均气温稳定在1℃～2℃时即可播种，播深3～5厘米，密度以每公顷525万株左右为宜。③及时灌水。三叶一心期灌头水，以后根据墒情和生长需要及时灌水。④适时收获。该品种口较松，宜在蜡熟期收获。

（撰稿人：杨文雄）

（三）陇鉴127

品种来源 甘肃省农业科学院旱地农业研究所选育而成，组合为7402/吕4190//7415，原品系号847142-3。1998年通过甘肃省农作物品种审定委员会审定。

特征特性 冬性，中熟，全生育期251～286天。叶色深绿，叶片宽窄中等，叶相半披。株高70厘米，株型较紧凑。穗纺锤形，长芒，白壳，红粒。籽粒角质，椭圆形，腹沟较深，千粒重30.2克，容重 738~818.6 克/升。粗蛋白质含量 15.4%,赖氨酸含量 0.39%,粗淀粉含量 63.67%。成株期对条锈菌条中 25 号、28 号、29 号、30 号、31 号及洛 8 表现免疫。

产量表现与适种地区 1989~1990 年连续两年参加品种鉴定试验,平均折合单产 4 740 千克/公顷,比对照品种西峰 16 增产 37.4%。1991~1993 年连续 3 年参加品种比较试验,平均折合单产 4 857 千克/公顷,比西峰 16 增产 17.1%。1993~1996 年参加甘肃省陇东片冬小麦联合区域试验,在 3 年 21 点次试验中,平均折合单产 2 751 千克/公顷,比对照品种陇鉴 196 增产 3.3%,总评单产居第二位。该品种适宜在陇东中南部的山、塬区如甘肃省宁县、正宁县、镇原县、平凉市及六盘山以东的静宁县等地种植,在宁夏回族自治区固原地区的彭阳县表现也较好。2002 年在甘肃省种植 1.3 万公顷。

栽培技术要点 播种密度要适宜,一般每公顷播量 165 千克左右。播前施足底肥,返青后依苗情适量追施氮肥,一般每公顷施 75~150 千克尿素。过量施氮肥会造成后期遇风雨倒伏。加强田间管理,注意防虫及其他病害发生。

(撰稿人:杨文雄)

十八、青 海 省

(一)乐麦 5 号

品种来源 青海省种子管理站由阿勃小麦品种中系统选育而成。1998 年通过青海省农作物品种审定委员会审定。

特征特性 弱冬性,全生育期 140~149 天。幼苗匍匐,绿色,株型紧凑,株高 110 厘米左右。穗长方形,每穗小穗数 17 个。籽粒卵形,红色,冠毛少。千粒重 42~46 克,容重 801 克/升,粗蛋白质含量13.1%,湿面筋含量27.69%,粗淀粉含量64%~65%。抗白秆病和雪腐叶枯病,高抗条锈病、秆锈病和叶锈病。耐旱和耐青干能力强。

产量表现与适种地区 1995年在青海省平安县洪水泉乡低位山旱地种植0.1公顷,折合单产5 317.5千克/公顷。1996年在乐都县洪水乡水浇地种植0.6公顷,折合单产6 784.5千克/公顷。1997年在民和县北山乡中位山旱地种植0.2公顷,折合单产4 800千克/公顷。该品种适宜在青海省高位水浇地及东部农业区海拔2 600米以下的中、低位山旱地栽培,2002年在青海省种植1.2万公顷。

栽培技术要点 每公顷施农家肥45 000~60 000千克,纯氮75~150千克,氮磷比为1∶1。温暖灌区的播种期是3月上旬,中低位山旱地为3月下旬至4月上旬。水浇地播种量210~225千克/公顷,中低位山旱地播种量为270~285千克/公顷。

(撰稿人:李俊仁)

(二)民和588

品种来源 青海省民和县东垣原种繁殖场用有性杂交的方法于1993年选育而成。杂交组合为78(313)56-1-1/81(61)10-3。1999年通过青海省农作物品种审定委员会审定。

特征特性 弱冬性,全生育期134天左右。芽鞘绿色,幼苗半匍匐,叶片绿色,挺直,叶耳红色。株高123厘米左右,株型紧凑。穗长方形,每穗小穗数25个,顶芒,白壳,红粒。籽粒卵形,饱满,千粒重44克,容重765克/升,粗蛋白质含量13.1%,湿面筋含量27.08%,粗淀粉含量64.77%。抗3种锈病,较抗雪腐叶枯病、根腐病、白粉病和白秆病。抗旱性、耐寒性和耐盐碱性中等,抗青干。

产量表现与适种地区 1998年在青海省民和县西沟乡高位水浇地种植0.13公顷,折合单产6 375千克/公顷;同年在民和县东垣苗圃和中川乡低位水浇地分别种植 1.3 公顷和 1.6 公顷，平均单产分别为 7 650 千克/公顷和 7 800 千克/公顷。该品种在旱地种植也表现不错的产量水平，1998 年在民和县新民乡中位山旱地种植 0.16 公顷，折合单产 4 200 千克/公顷；同年在民和县瓦沟乡、塘尔垣乡和满坪乡中位山旱地分别种植 0.18 公顷、0.16 公顷和 0.2 公顷，折合单产分别为 5 025 千克/公顷、5 280 千克/公顷和 5 910千克/公顷。2002 年青海省种植面积达 5 000 公顷。它适宜在青海省湟水、黄河灌区的低位和高位水浇地及海东地区海拔 2 400 ~ 2 700 米的中位山旱地栽培，2002 年在青海省种植 0.5 万公顷。

栽培技术要点 实行精量、半精量播种，每公顷播种量 262.5 ~ 300 千克。施足底肥，配方施肥，水浇地每公顷施有机肥 45 000 ~ 60 000 千克，全生育期每公顷施纯氮(N)85.5 ~ 130.5 千克，磷(P_2O_5)58.5 ~ 87 千克；中位山旱地每公顷施有机肥 30 000 ~ 45 000 千克，全生育期每公顷施纯氮(N)46.5 ~ 81 千克，磷(P_2O_5) 45 ~ 61.5 千克。水地三叶期浇头水，在施肥水平较高的丰产栽培条件下，要适当推迟拔节水，蹲苗控节，全生育期浇水 4 ~ 5 次。

(撰稿人：李俊仁、赵延贵)

(三)高原 205

品种来源 中国科学院西北高原生物研究所采用复合杂交法、冬春两地交替选培选育而成，其系谱是 80642/高原 338//81-143/高原 472/3/高原 472/多年生 1 号。1998 年通过青海省农作物品种审定委员会审定。

特征特性 弱春性，早熟，全生育期 137 ~ 139 天。幼苗半匍匐，株高 70 ~ 73 厘米，株型紧凑，抗倒伏。穗长方形，小穗数 14 个。籽粒卵圆形，白色，千粒重 49 克，容重 772 ~ 789 克/升，粗蛋白质含量 15.72% ~ 16.19%，湿面筋含量 39.08% ~ 41.32%，粗淀

粉含量56.75%~56.86%。抗麦茎蜂,对条锈菌条中25号、29号、30号、31号生理小种表现免疫,抗叶锈病和秆锈病。

产量表现与适种地区 1995~1996年参加青海省区域试验,水浇地2年9个点次平均折合单产8 290.5千克/公顷,比对照增产14.3%。1996~1997年参加青海省生产试验,两年8个点次平均折合单产7 759.5千克/公顷,比对照品种青春533增产26.2%。1997年在甘肃省榆中县高墩营村试种6.7公顷,单产5 925~7 800千克/公顷,比对照增产9.7%~15.5%。该品种适宜青海省东部农业区川水地及西部盆地高产地区种植。

栽培技术要点 播前每公顷施农家肥45 000千克,纯氮(N)60~75千克,磷(P_2O_5)150~180千克。播种期,湟水流域川水地以3月中旬为最佳,黄河流域的川水地以2月中下旬为最佳,播种量300~375千克/公顷。

(撰稿人:郜和臣)

十九、新疆维吾尔自治区

(一)新冬18

品种来源 新疆维吾尔自治区农业科学院粮食作物研究所以N.S11-33为母本、新冬3号为父本杂交后系统选育而成。1995年通过新疆维吾尔自治区农作物品种审定委员会审定。

特征特性 冬性,中熟,全生育期275天左右。芽鞘绿色,幼苗半匍匐。株高80~90厘米,株型紧凑,茎秆坚韧有弹性,抗倒伏能力强。穗层整齐,穗长方形,结实小穗数16~17个,小穗排列紧密。长芒,白壳,白粒,籽粒饱满,角质,千粒重41.5克,容重810克/升,粗蛋白质含量13.7%左右,湿面筋含量27.1%,沉淀值32.6毫升,面团形成时间4.6分钟,稳定时间12分钟,面团最大抗拉伸阻力375E.U,延伸性18厘米,100克面粉面包体积776厘米^3,面包烘烤试验评分83.6分。抗条锈病和叶锈病,白粉病轻。抗干热风。

产量表现与适种地区 1993~1994年参加新疆维吾尔自治区区试,1993年4个试点平均折合单产6502.5千克/公顷,比对照品种新冬16增产7.7%;1994年4个试点平均折合单产6802.5千克/公顷,比新冬16增产14.7%,居参试品种第一位。1995年昌吉园艺场种植6公顷,平均每公顷产量7785千克;石河子143团一营种植200公顷,平均每公顷产量7200千克。1996年昌吉园艺场种植58.7公顷,其中一队2号地5.3公顷平均单产7804.5千克/公顷。在大面积生产中,一般单产6000~6750千克/公顷。该品种适宜在新疆维吾尔自治区北疆大部分地区栽培,主要为北疆沿天山一带和塔额盆地,在伊犁河谷部分中晚熟生态类型区也有一定的适应性。2002年在新疆维吾尔自治区种植4.5万公顷。

栽培技术要点 ①9月15~25日适期播种,播量225千克/公顷,要求基本苗450万株/公顷左右。②中等以上肥力地块,每公顷播种前施磷酸二铵225千克,或施225千克磷肥和75千克尿素。播种时施种肥磷酸二铵75千克/公顷。要灌冬水。开春后每公顷追施150千克尿素,灌水4次。生育期间防治杂草和病虫害。

(撰稿人:张新中、黄天荣)

(二)新冬20

品种来源 新疆维吾尔自治区农业科学院粮食作物研究所从河北省农业科学院粮油作物研究所引进,原系号冀87-5018。1995年通过新疆维吾尔自治区农作物品种审定委员会审定。

特征特性 弱冬性,早熟种,全生育期238天左右。芽鞘浅绿色,幼苗半直立;株高70~75厘米,株型紧凑,茎秆粗壮,抗倒伏能力强。穗层整齐,穗长方形,结实小穗数18个左右,小穗排列紧密。长芒,白壳,白粒。籽粒饱满、角质,千粒重 39~41 克,容重 803 克/升,粗蛋白质含量 16.5%左右,湿面筋含量 42.3%,沉淀值 27.5 毫升,面团形成时间 2.8 分钟,稳定时间 1.7 分钟,面团抗最大拉伸阻力 170E.U,延伸性 21.9 厘米。中抗条锈病和叶锈病,耐白粉病。

产量表现与适种地区 1994 年参加新疆维吾尔自治区南疆早熟组区域试验,折合单产 7 490.4 千克/公顷,比对照品种冀麦 26 增产 3.4%,居第二位。1995 年在喀什、和田、阿克苏等地进行生产示范,经专家评估,示范点单产普遍为 7 500~8 250 千克/公顷。该品种适合南疆早熟冬麦区及北疆有复种条件的积雪稳定地区种植。目前是南疆冬麦区主栽品种,每年种植面积在 16.7 万公顷以上。

栽培技术要点 ①南疆 10 月 5~20 日适期播种,播量为 225~300 千克/公顷,基本苗 450 万株左右/公顷。②中等以上肥力地块,播种前每公顷施 300~375 千克磷酸二铵做底肥,播种时施种肥,每公顷施磷酸二铵 75~150 千克,开春后追施返青肥,每公顷施尿素 150~225 千克,浇头水时追施尿素 75~150 千克。开春后灌水 3~4 次。生育期间防治杂草和病虫害。

(撰稿人:张新中、黄天荣)

(三)新冬 22

品种来源 新疆生产建设兵团农七师农业科学研究所以诺斯塔×花春 84-1 杂交一代为母本、76-4×洛夫林 13 杂交一代为父本杂交后,经系统选育而成,原名 89-4114。1999 年通过新疆维吾尔自治区农作物品种审定委员会审定。

特征特性 冬性,早熟种,全生育期 267 天左右。芽鞘绿色,幼苗直立,株高 85~95 厘米,株型紧凑,茎秆粗壮,抗倒伏力强。穗纺锤形,结实小穗 13~15 个,长芒,白壳,白粒,籽粒角质,千粒重50～54克，容重810克/升，粗蛋白质含量12.8%左右，湿面筋含量26.3%，沉淀值29毫升，面团形成时间2分钟，稳定时间7.5分钟。种子休眠期长达45天。抗锈病和白粉病。

产量表现与适种地区 1992～1993年参加品比试验，两年平均折合单产7 641千克/公顷，比对照品种新冬16增产34.1%。1992～1994年在奎屯垦区参加区域试验，在5个点14次的试验中，有12个点次增产，增产率19.7%。1993年在南疆的品比试验中，折合单产8 125.5千克/公顷，较对照品种唐山6898增产15.9%，抗倒伏性明显优于唐山6898。1994年本所苗木公司种植2.5公顷，平均单产7 695千克/公顷；125团引种5.3公顷，实收单产7 245千克/公顷，比奎冬4号增产14.7%。1995年农六师103团引种16.7公顷，实收产量6 193.5千克/公顷；145团引种13.4公顷，实收产量6 360.6千克/公顷；农四师71团引种9.8公顷，平均单产7 188千克/公顷；66团种植5.4公顷，单产达8 355千克/公顷，比该团主栽品种伊农15增产11.2%。该品种适宜在北疆大部分地区栽培，2002年在新疆维吾尔自治区种植0.7万公顷。

栽培技术要点 ①适期播种。一般较其他中晚熟品种晚播5天左右，北疆的适宜播期为9月15～25日。上等肥力地块要求保苗345万～375万株/公顷，中上等地力地块保苗375万～420万株/公顷。②施足底肥，磷肥一次性施入，氮肥的65%做底肥、35%做追肥和叶面肥。在施足底肥的基础上，每公顷施尿素525～600千克、过磷酸钙600千克。浇好冻水，春后共浇4次水。

（撰稿人：张新中、黄天荣）

（四）新春10号

品种来源 1991年，新疆维吾尔自治区农业科学院作物研究所配置9-3-3×新春4号杂交组合，经多年系统选育而成。2002年通过新疆维吾尔自治区农作物品种审定委员会审定。

特征特性　春性,中熟,生育期100天左右。幼苗直立,叶色稍淡,株高90厘米左右,茎秆韧性较强。穗纺锤形,结实小穗数16个左右。长芒,白壳,护颖锐形,颖嘴尖,颖肩斜。籽粒白色,椭圆形,角质,腹沟深度中等,千粒重47克左右,容重790克/升左右,粗蛋白质含量14.4%,湿面筋含量30.1%,沉淀值33.7毫升,粉质仪吸水率61.6%,形成时间3分钟,稳定时间3.5分钟,最大抗拉伸阻力125E.U,延伸性22.7厘米。中抗锈病,高抗到中抗白粉病,黑胚较低,抗旱、抗干热风能力强。

产量表现与适种地区　1999~2000年参加新疆维吾尔自治区区域试验,除去南疆21团试验点外,平均比对照品种增产3.6%。2001年参加自治区生产试验,在奇台县、石河子市、农九师、农十师4个参试点上,平均折合单产5 871千克/公顷,比对照增产7.9%。2001年在奇台县种植2.3公顷,平均折合单产6 000千克/公顷,较新春6号增产20%,较新春9号增产25%;在额敏县种植3.3公顷,平均单产6 150千克/公顷,较新春6号增产1.2%,较新春9号增产12.6%;在托克逊县种植1公顷,单产5 065.5~6 198千克/公顷,较当地主栽品种新春2号增产35.1%~88.1%。该品种适宜在北疆春麦区种植。

栽培技术要点　①开春后,在适墒情况下,尽量早播。北疆一般以3月中下旬至4月上旬播种为宜,每公顷播量150~225千克,保苗450万株以上。种子应在播前进行药剂处理。②注意农家肥与化肥配合施用。单产6 000千克/公顷的中等以上肥力土壤,一般每公顷施底肥磷酸二铵225~300千克、尿素75~120千克,头水追施尿素150千克左右,二水视苗情追施尿素75~150千克,抽穗前再追施尿素45~75千克。头水应在两叶一心时浇,二水与头水间隔不宜超过15天,以后各水以保证不受旱为原则,全生育期一般灌溉4~5次。生育期间防治杂草和病虫害

(撰稿人:张新中、黄天荣)

（五）新春12

品种来源 1987年，新疆维吾尔自治区农业科学院作物研究所以8021为母本、77-13为父本杂交，经多年系统选育而成。2003年通过新疆维吾尔自治区农作物品种审定委员会审定。

特征特性 春性，早熟种，生育期100天左右。幼苗直立，叶色深绿，株高85厘米左右，茎秆韧性较强。穗纺锤形，结实小穗数14个左右，长芒，白壳，白粒。籽粒圆形，角质，腹沟深度较浅，千粒重44克左右，容重790克/升左右，粗蛋白质含量16%，湿面筋含量35%，沉淀值30毫升，粉质仪吸水率63%，面团形成时间2～3分钟，面团稳定时间2～4分钟，面团最大抗拉伸阻力185E.U，延伸性21.5厘米。免疫到高抗锈病，中抗白粉病，黑胚较低，抗旱、抗干热风能力强。

产量表现与适种地区 2002年参加新疆维吾尔自治区区域试验，平均折合单产5512.5千克/公顷，比对照品种新春4号增产8.8%。1996年在塔城市种植0.8公顷，比新春6号增产8.6%。2002年在新疆维吾尔自治区农科院奇台试验场大面积种植，平均单产5625千克/公顷，单产高于新春8、9、10、11号；在裕民县、青河县、昭苏县、奇台县及天山面粉集团有限公司安排的生产示范中，均表现出较高的产量，一般单产5250～6750千克/公顷。该品种适宜在北疆春麦区种植。

栽培技术要点 ①开春后，在适墒情况下，尽量早播。北疆一般以3月中下旬至4月上旬播种为宜，每公顷播量按保苗450万株以上计算。种子应在播前进行药剂处理。②注意农家肥与化肥配合施用。单产6000千克/公顷中等以上肥力土壤，一般每公顷施底肥磷酸二铵225～300千克，尿素75～120千克，头水追施尿素150千克左右，二水视苗情追施尿素75～150千克，抽穗前再追施尿素45～75千克。

（撰稿人：张新中、黄天荣）

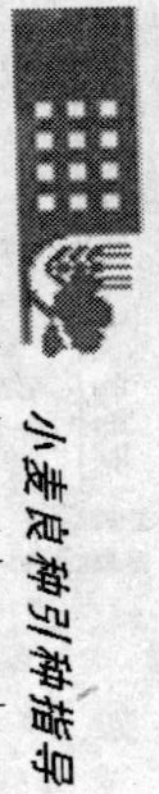

附录　小麦新品种供种单位及联系人

品种名称	供种单位	地址与邮编	联系人				
			姓名	电话	传真	手机	电子邮箱
北京市							
中麦9号	中国农业科学院作物所	北京市海淀区中关村南大街12号,100081	张秀英	010—68918574	010—68975212		
中优9507	中国农业科学院作物所	北京市海淀区中关村南大街12号,100081	王德森	010—68918556	010—68975212		
中旱110	中国农业科学院作物所	北京市海淀区中关村南大街12号,100081	孟凡华	010—68918745	010—68975212	13801045822	mengfh@mail.caas.net.cn
农大3214	中国农业大学农学与生物技术学院	北京市海淀区圆明园西路2号,100094	尤明山	010—62892564			Youmingshan1967@163.com
农大3291	中国农业大学农学与生物技术学院	北京市海淀区圆明园西路2号,100094	尤明山	010—62892564			Youmingshan1967@163.com
京9428	北京市种子公司	北京市北太平庄路15号,100088	李彰明	010—62019346	010—62019574		
京冬8号	北京市农林科学院杂交小麦中心种质资源部	北京市海淀区板井村,100089	薛民生 孙家柱 田力平	010—51503403 010—51503403 010—51503403		13701259939(薛) 13641068514(孙) 13701186390(田)	

续附录

品种名称	供种单位	地址与邮编	联系人				
			姓名	电话	传真	手机	电子邮箱
轮选 987	中国农业科学院作物所	北京市海淀区中关村南大街 12 号，100081	杨丽 刘秉华	010—68918628 010—68918628	010—68918628		yangli@mail.caas.net.cn
河北省							
8901-11-14	河北省藁城市农科所	河北省藁城市廉州路中段，052160	韩然 张庆江	0311—8161384 0311—8108315		13014399299 13603311169	
小山 2134	河北省张家口市坝下农业科学研究所	河北省张家口市宣化县沙岭子，075131	奚玉银	0313—5034743	0313—5032142		xiyuyin@163.net
石 4185	河北省石家庄市农科院小麦室	河北省石家庄市石正路 130 号，050041	郭进考 史占良	0311—6838961 0311—6832634	0311—6839186		ShizhanL@163.com
石家庄 8 号	河北省石家庄市农科院小麦室	河北省石家庄市石正路 130 号，050041	郭进考 史占良	0311—6838961 0311—6832634	0311—6839186		ShizhanL@163.com
邯 4564	河北省邯郸市农业科学院	河北省邯郸市东郊中堡村，056001	马永安 陈冬梅	0310—8162034		13603104564	
邯 4589	河北省邯郸市农业科学院	河北省邯郸市东郊中堡村，056001	马永安 陈冬梅	0310—8162034		13603104564	
邯 5316	河北省邯郸市农业科学院	河北省邯郸市东郊中堡村，056001	马永安 陈冬梅	0310—8162034		13603104564	
邯 6172	河北省邯郸市农业科学院	河北省邯郸市东郊中堡村，056001	马永安 陈冬梅	0310—8162034		13603104564	

续附录

品种名称	供种单位	地址与邮编	联系人				
			姓名	电话	传真	手机	电子邮箱
科农 9204	中国科学院遗传与发育生物学研究所农业资源研究中心	河北省石家庄市槐中路 286 号,050021	李俊明 钟冠昌	0311—5871746			
高优 503	中国科学院遗传与发育生物学研究所农业资源研究中心	河北省石家庄市槐中路 286 号,050021	李俊明 钟冠昌	0311—5887272 0311—5871746			
冀麦 38	河北省石家庄农业科学院小麦室	河北省石家庄市石正路 130 号,050041	郭进考 史占良	0311—6838961 0311—6832634	0311—6839186		ShizhanL@163.com
河南省							
中育 6 号	中国农业科学院棉花研究所	河南省安阳市白璧镇南,455112	杨兆生	0372—2633218	0372—2633452		
郑麦 9023	河南省农业科学院小麦所维特种业有限公司	河南省郑州市农业路 1 号,450002	罗鹏	0371—5746995			
豫麦 34	郑州市农林科学研究所	河南省郑州市郑密路 48 号,450005	雷体文	0371—8988714			
豫麦 35	河南省内乡县农业科学研究所	河南省内乡县龙源路 4 号,474350	曹明贞 袁华京	0377—5328987 0377—5312216		13503771609 13949385758	
豫麦 41	河南省温县农业科学研究所	河南省温县,454881	王乾琚	0391—6115086			

续附录

品种名称	供种单位	地址与邮编	联系人				
			姓名	电话	传真	手机	电子邮箱
豫麦 47	河南省农业科学院小麦所	河南省郑州市农业路 1 号,450002	吴政卿 雷振生		0371—5718242		
豫麦 49	河南省温县祥云镇农技站	河南省温县祥云镇,454881	吕平安	0391—6533046		13603893536	
豫麦 66	河南省豫东农作物品种展览中心	河南省兰考县,475300	沈天民	0378—6981898			
豫麦 70	河南省内乡县农业科学研究所	河南省内乡县龙源路 4 号,474350	曹明贞 袁华京	0377—5328987 0377—5312216		13503771609 13949385758	
山东省							
山农优麦 2 号	山东省农业大学小麦品种育种研究室	山东省泰安市岱宗大街 61 号,271018	田纪春 王延训	0538—8242040 0538—8241304	0538—8242226		jctian@sdau.edu.cn
山农优麦 3 号	山东省农业大学小麦品种育种研究室	山东省泰安市岱宗大街 61 号,271018	田纪春 王延训	0538—8242040 0538—8241304	0538—8242226		jctian@sdau.edu.cn
济南 16	山东省农业科学院小麦育种室	山东省济南市桑园路 28 号,250100	赵振东 刘建军	0531—8616247			wheat@saas.ac.cn
济南 17	山东省农业科学院小麦育种室	山东省济南市桑园路 28 号,250100	赵振东 刘建军	0531—8616247			wheat@saas.ac.cn
济麦 19	山东省农业科学院小麦育种室	山东省济南市桑园路 28 号,250100	赵振东 刘建军	0531—8616247			wheat@saas.ac.cn

续附录

品种名称	供种单位	地址与邮编	联系人				
			姓名	电话	传真	手机	电子邮箱
烟农 19	山东省烟台市农科院	山东省烟台市福山区南山路 26 号,265500	姜鸿明 赵倩	0535—6352021	0535—6352018	13686389389	ytjianghongming@sohu.com
鲁麦 21	山东省烟台市农业科学院小麦所	山东省烟台市福山区南山路 26 号,265500	姜鸿明 赵倩	0535—6352021	0535—6352018	13686389389	ytjianghongming@sohu.com
淄麦 12	山东省淄博市农科院作物研究所	山东省淄博市张店区商场西街 197 号,255033	穆洪国	0533—2860584		13953332260	
山西省							
长 6878	山西省农业科学院谷子研究所	山西省长治市北郊科研巷 2 号,046011	孙美荣 常云龙	0355—2090071			
晋麦 60	山西省农业科学院小麦研究所	山西省临汾市幽并街 33 号,041000	卫云宗	0357—2213250	0357—2212767		
晋麦 63	山西省农业科学院谷子研究所	山西省长治市北郊科研巷 2 号,046011	孙美荣 常云龙	0355—2090071			
晋麦 74	山西省农业科学院小麦研究所	山西省临汾市幽并街 33 号,041000	卫云宗	0357—2213250	0357—2212767		
陕西省							
小偃 22	西北农林科技大学农学院	陕西省杨凌,西农路 28 号,712100	陈新宏 李璋	029—87092184		13709129119	Cxh2089@sohu.com

续附录

品种名称	供种单位	地址与邮编	联系人				
			姓名	电话	传真	手机	电子邮箱
长武134	陕西省长武县农技中心	陕西省长武县丁家镇十里铺村,713600	梁增基	0910—4200910	0910—4202202		
陕农78	西北农林科技大学农学院	陕西省杨凌,西农路28号,712100	王成社 杨进荣	029—7082982	029—7083333		
陕农757	西北农林科技大学农学院	陕西省杨凌,西农路28号,712100	王成社 杨进荣	029—7082982			
陕麦150	西北农林科技大学农学院	陕西省杨凌,西农路28号,712100	吉万全 任志龙	029—7081319 029—7082971			
四川省							
川麦30	四川省农业科学院作物研究所	四川省成都市外东狮子山侧,610066	杨恩年	028—84504670	028—84790147		
川麦32	四川省农业科学院作物研究所	四川省成都市外东狮子山侧,610066	杨恩年	028—84504670	028—84790147		
川麦36	四川省农业科学院作物研究所	四川省成都市外东狮子山侧,610066	杨恩年	028—84504670	028—84790147		
川麦107	四川省农业科学院作物研究所	四川省成都市外东狮子山侧,610066	朱华中	028—84504241	028—84790147		
川农11	四川蜀龙种业有限责任公司	成都市龙泉大面镇,610000	何祖才 任正隆	028—88026630 0835—2882123			

续附录

品种名称	供种单位	地址与邮编	联系人				
			姓名	电话	传真	手机	电子邮箱
川农 17	四川蜀龙种业有限责任公司	成都市龙泉大面镇，610000	何祖才 任正隆	028—88026630 0835—2882123			
川育 14	中国科学院成都生物研究所	成都市人民南路西段 9 号，610041	吴 瑜 李利蓉	028—85232113 028—88035618	028—85222753	13028108568	wuyu@cib.ac.cn lilirong@cib.ac.cn
川育 16	中国科学院成都生物研究所	成都市人民南路西段 9 号，610041	吴 瑜 李利蓉	028—85232113 028—88035618	028—85222753		wuyu@cib.ac.cn lilirong@cib.ac.cn
川育 17	中国科学院成都生物研究所	成都市人民南路西段 9 号，610041	吴 瑜 李利蓉	028—85232113 028—88035618	028—85222753		wuyu@cib.ac.cn lilirong@cib.ac.cn
绵阳 26	四川省绵阳市农业科学研究所	四川省绵阳市涪城区青义镇，621002	李生荣	0816—2622136	0816—2622126		
绵阳 28	四川省绵阳市农业科学研究所	四川省绵阳市涪城区青义镇，621002	李生荣	0816—2622136	0816—2622126		
绵阳 29	四川省绵阳市农业科学研究所	四川省绵阳市涪城区青义镇，621002	李生荣	0816—2622136	0816—2622126		
绵阳 30	四川省绵阳市农业科学研究所	四川省绵阳市涪城区青义镇，621002	李生荣	0816—2622136	0816—2622126		
绵阳 31	四川省绵阳市农业科学研究所	四川省绵阳市涪城区青义镇，621002	李生荣	0816—2622136	0816—2622126		

续附录

品种名称	供种单位	地址与邮编	联系人				
			姓名	电话	传真	手机	电子邮箱
贵州省							
毕麦15	贵州省毕节地区农业科学研究所	贵州省毕节,551700	赵彬	0857—8333490			
江苏省							
宁麦8号	江苏省农业科学院粮食作物研究所	江苏省南京市孝陵卫钟灵街50号,210014	蔡士宾	025—4390312			caisb@jaas.ac.cn
宁麦9号	江苏省农业科学院粮食作物研究所	江苏省南京市孝陵卫钟灵街50号,210014	蔡士宾	025—4390312			caisb@jaas.ac.cn
扬麦9号	江苏省里下河地区农业科学研究所小麦研究室	江苏省扬州市扬子江北路568号,225007	程顺和 张伯桥	0541—7340868 0541—7305920	0541—7303868	13852732871 13952570841	Yzzy2@pub.yz.jsinfo.net
扬麦10号	江苏省里下河地区农业科学研究所小麦研究室	江苏省扬州市扬子江北路568号,225007	程顺和 张伯桥	0541—7340868 0541—7305920	0541—7303868	13852732871 13952570841	Yzzy2@pub.yz.jsinfo.net
扬麦11	江苏省里下河地区农业科学研究所小麦研究室	江苏省扬州市扬子江北路568号,225007	程顺和 张伯桥	0541—7340868 0541—7305920	0541—7303868	13852732871 13952570841	Yzzy2@pub.yz.jsinfo.net
扬麦12	江苏省里下河地区农业科学研究所小麦研究室	江苏省扬州市扬子江北路568号,225007	程顺和 张伯桥	0541—7340868 0541—7305920	0541—7303868	13852732871 13952570841	Yzzy2@pub.yz.jsinfo.net

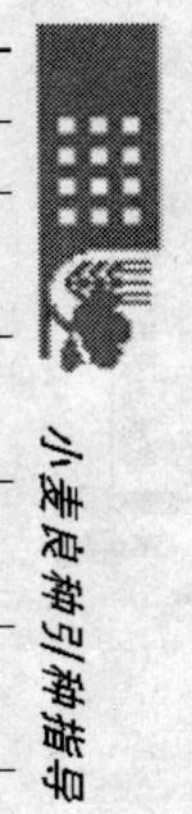

续附录

品种名称	供种单位	地址与邮编	联系人				
			姓名	电话	传真	手机	电子邮箱
徐州 25	江苏省徐州市农业科学研究所	江苏省徐州市东郊东贺村，221121	冯国华	0516—3352140	0516—3350318		ghfeng@pub.xz.jsinfo.net
淮麦 16	江苏省徐淮地区淮阴农业科学研究所	江苏省淮安市淮海北路104号，223001	顾正中	0517—3666055	0517—3662391	13511558633	hysmdl@public.hy.js.cn
淮麦 18	江苏省徐淮地区淮阴农业科学研究所	江苏省淮安市淮海北路104号，223001	顾正中	0517—3666055	0517—3662391		hysmdl@public.hy.js.cn
淮麦 20	江苏省徐淮地区淮阴农业科学研究所	江苏省淮安市淮海北路104号，223001	顾正中	0517—3666055	0517—3662391		hysmdl@public.hy.js.cn
安徽省							
宿 9908	安徽省宿州市农业科学研究所	安徽省宿州市浍水中路368号，234000	程守忠	0557—3913166			
皖麦 19	安徽省宿州市农业科学研究所	安徽省宿州市浍水中路368号，234000	程守忠	0557—3913166			
皖麦 38	安徽省涡阳县农业科学研究所	安徽省涡阳县城东开发区，233600	刘伟民	0558—7278548			
皖麦 48	安徽农业大学农学系	安徽省合肥市长江西路130号，230036	马传喜 姚大年	0551—2823795 转 3213			machx@mail.hf.ah.cn
皖麦 49	安徽农业大学农学系	安徽省合肥市长江西路130号，230036	马传喜 姚大年	0551—2823795 转 3213			machx@mail.hf.ah.cn

续附录

品种名称	供种单位	地址与邮编	联系人				
			姓名	电话	传真	手机	电子邮箱
湖北省							
鄂麦 15	湖北省襄樊市农业科学院作物所	湖北省襄樊市檀溪路268号,441021	陈桥生 张道荣	0710—3999183			
鄂麦 20	湖北省宜昌市农业科学研究所	湖北省宜昌市点军区江南路89号,443004	向启森 费甫华	0717—6672339 0717—6671281	0717—6672414		feifuhua@263.sina.com
黑龙江省							
龙麦 26	黑龙江省农业科学院作物育种所	黑龙江省哈尔滨市南岗区学府路368号,150086	辛文利 肖志敏	0451—86668739			
龙辐麦10号	黑龙江省农业科学院作物育种所	黑龙江省哈尔滨市南岗区学府路368号,150086	王广金	0451—86668741		13945047665	
龙辐麦12	黑龙江省农业科学院作物育种所	黑龙江省哈尔滨市南岗区学府路368号,150086	王广金	0451—86668741		13945047665	
克丰 10 号	黑龙江省农业科学院小麦研究所	黑龙江省克山县西郊,161606	邵立刚	0452—84523731 0452—84551345	0452—4523238		ksslg@sina.com
克旱 16	黑龙江省农业科学院小麦研究所	黑龙江省克山县西郊,161606	邵立刚	0452—84523731 0452—84551345	0452—4523238		ksslg@sina.com
垦九 9 号	黑龙江省农垦总局九三种业	黑龙江省嫩江县九三科研所,161441	李慧英 孙作风	0456—87899320			
垦红 14	黑龙江省农垦总局红兴隆科研所	黑龙江省友谊县,155811	贾志安	0469—85865151	0469—85860148		

续附录

品种名称	供种单位	地址与邮编	联系人				
			姓名	电话	传真	手机	电子邮箱
吉林省							
小冰麦 33	东北师范大学生命科学院	吉林省长春市人民大街138号,130024	何孟元 卜秀玲	0431—5269367	0431—5687517		hemy@nenu.edu.cn
辽宁省							
辽春 13	辽宁省农业科学院作物研究所	辽宁省沈阳市东陵路84号,110161	翟德绪	024—8841990	024—88419885		
内蒙古自治区							
巴丰 1 号	内蒙古自治区巴彦卓尔盟农业科学研究所	内蒙古自治区杭锦后旗陕坝镇工业路67号,015400	张铁山 张建成	0478—6622514	0478—6632847		bmhhnys@public.hh.nm.cn
巴优 1 号	内蒙古自治区巴彦卓尔盟农业科学研究所	内蒙古自治区杭锦后旗陕坝镇工业路67号,015400	张铁山 张建成	0478—6622514	0478—6632847		bmhhnys@public.hh.nm.cn
巴麦 10 号	内蒙古自治区巴彦卓尔盟农业科学研究所	内蒙古自治区杭锦后旗陕坝镇工业路67号,015400	张铁山 张建成	0478—6622514	0478—6632847		bmhhnys@public.hh.nm.cn
赤麦 5 号	内蒙古自治区赤峰市农业科学研究所	内蒙古自治区赤峰市,024031	曲文祥 谭丽萍	0476—8402517		13704767722	

续附录

品种名称	供种单位	地址与邮编	联系人				
			姓名	电话	传真	手机	电子邮箱
蒙麦 28	内蒙古自治区农业科学院作物研究所	内蒙古自治区呼和浩特市南郊呼清公路 1 公里处,010031	于美玲	0471—5901077			
宁夏回族自治区							
宁 J 210	宁夏回族自治区农林科学院农作物研究所	宁夏回族自治区永宁县王太堡,750105	魏亦勤	0951—8400103	0951—8400157		
宁春 33	宁夏回族自治区永宁县小麦育种繁殖所	宁夏回族自治区永宁县,750100	裘志新			13709514499 13895105259	
甘肃省							
陇春 20	甘肃省农业科学院粮食作物研究所	甘肃省兰州市安宁区农科院新村 1 号,730070	杨文雄	0931—7653351	0931—7666758		Yang.w.x@263.net
陇春 21	甘肃省农业科学院粮食作物研究所	甘肃省兰州市安宁区农科院新村 1 号,730070	杨文雄	0931—7653351	0931—7666758		Yang.w.x@263.net
陇鉴 127	甘肃省农业科学院旱农研究所	甘肃省兰州市安宁区农科院新村 1 号,730070	张国宏	0931—7614854			
青海省							
乐麦 5 号	青海省种子管理站	青海省西宁市人民街 60 号,810000	李俊仁	0971—8247236	0971—8247873		

续附录

品种名称	供种单位	地址与邮编	联系人				
			姓名	电话	传真	手机	电子邮箱
民和 588	青海省民和县种子经营管理站	青海省民和县,810800	赵延贵	0972—8322374			
高原 205	中国科学院西北高原生物研究所	青海省西宁市西关大街 59 号,810001	郜和臣	0971—6101915			
新疆维吾尔自治区							
新冬 18	新疆维吾尔自治区农科院粮食作物研究所	新疆乌鲁木齐市南昌路 38 号,830000	张新中	0991—4502105			
新冬 20	新疆维吾尔自治区农科院粮食作物研究所	新疆乌鲁木齐市南昌路 38 号,830000	张新中	0991—4502105			
新冬 22	新疆维吾尔自治区农科院粮食作物研究所	新疆乌鲁木齐市南昌路 38 号,830000	张新中	0991—4502105			
新春 10 号	新疆维吾尔自治区农科院粮食作物研究所	新疆乌鲁木齐市南昌路 38 号,830000	张新中	0991—4502105			
新春 12	新疆维吾尔自治区农科院粮食作物研究所	新疆乌鲁木齐市南昌路 38 号,830000	张新中	0991—4502105			

编后语

为了向农民群众和种子生产者、经营者提供小麦良种的信息，加速优良品种的推广应用，加快农业科研成果的产业化进程，我们于2002年11月受金盾出版社委托，编著《小麦良种引种指导》。2003年2月，我们向全国的小麦育种单位和有关农业院校邮发了“1995年以后通过农作物品种审定委员会审定的小麦新品种介绍、种子及其照片”的征集函。后又经电话、传真和电子邮件等多种方式联系，至2003年11月共收到19个省、市、自治区178个品种的文字介绍材料，90个品种的植株和穗部照片，96个品种的种子。为了便于比较，各品种的籽粒均由中国农业科学院作物所田园同志统一放大倍数摄影。由于篇幅所限，本书选录了104个品种的文字介绍材料，其余已征集到或未征集到的品种介绍，期望在此书再版时能得到补充。对各品种的文字介绍内容，我们基本上遵照撰稿人的原文和当地习惯用语，仅在结构、条理、文字和计量单位上作了必要的调整和修正。本书的第一、二、三章对我国小麦生产与良种引种、小麦良种标准及种子质量鉴定、引种原则和方法作了较详细的叙述，其内容除参考近年出版的一些专业著作外，还把本书中介绍的小麦品种进行了概括评述，并且把引种工作中的相关法规融汇其中，这将有助于实现引种工作、种子生产和经营工作的规范化、法制化，以净化种子市场。

限于水平和材料，编撰中疏漏和错误之处在所难免，敬请指正。

陈 孝 马志强

2003.12.10

棉花规范化高产栽培技术	11.00 元
棉花良种繁育与成苗技术	3.00 元
棉花良种引种指导(修订版)	13.00 元
棉花育苗移栽技术	5.00 元
棉花病害防治新技术	5.50 元
棉花病虫害防治实用技术	5.00 元
彩色棉在挑战——中国首次彩色棉研讨会论文集	15.00 元
特色棉高产优质栽培技术	11.00 元
棉花红麻施肥技术	4.00 元
棉花病虫害及防治原色图册	13.00 元
棉花盲椿象及其防治	10.00 元
亚麻(胡麻)高产栽培技术	4.00 元
葛的栽培与葛根的加工利用	11.00 元
甘蔗栽培技术	6.00 元
甜菜甘蔗施肥技术	3.00 元
甜菜生产实用技术问答	8.50 元
烤烟栽培技术	11.00 元
药烟栽培技术	7.50 元
烟草施肥技术	6.00 元
烟草病虫害防治手册	11.00 元
烟草病虫草害防治彩色图解	19.00 元
花椒病虫害诊断与防治原色图谱	19.50 元
花椒栽培技术	5.00 元
八角种植与加工利用	7.00 元
小粒咖啡标准化生产技术	10.00 元
橡胶树栽培与利用	10.00 元
芦苇和荻的栽培与利用	4.50 元
城郊农村如何发展食用菌业	9.00 元
食用菌园艺工培训教材	9.00 元
食用菌制种工培训教材	9.00 元
食用菌周年生产技术(修订版)	10.00 元
食用菌制种技术	8.00 元
高温食用菌栽培技术	8.00 元
食用菌栽培与加工(第二版)	9.00 元
食用菌丰产增收疑难问题解答	13.00 元
食用菌设施生产技术 100 题	8.00 元
食用菌周年生产致富——河北唐县	7.00 元

以上图书由全国各地新华书店经销。凡向本社邮购图书或音像制品，可通过邮局汇款，在汇单“附言”栏填写所购书目，邮购图书均可享受 9 折优惠。购书 30 元(按打折后实款计算)以上的免收邮挂费，购书不足 30 元的按邮局资费标准收取 3 元挂号费，邮寄费由我社承担。邮购地址：北京市丰台区晓月中路 29 号，邮政编码：100072，联系人：金友，电话：(010) 83210681、83210682、83219215、83219217(传真)。